吕留良家训
译注

〔清〕吕留良　著

张天杰　鲁东平　王晓霞　译注

上海古籍出版社

"十三五"国家重点图书出版规划项目

上海市促进文化创意产业发展财政扶持资金资助项目

目 录

附录

"中华家训导读译注丛书"出版缘起

一、家训与传统文化

中国传统文化的复兴已然是大势所趋，无可阻挡。而真正的文化振兴，随着发展的深入，必然是由表及里，逐渐贴近文化的实质，即回到实践中，在现实生活中发挥作用，影响和改变个人的生活观念、生命状态，乃至改变社会生态，而不是仅仅停留在学院中的纸上谈兵，或是媒体上的自我作秀。这也已然为近年的发展进程所证实。

文化的传承，通常是在精英和民众两个层面上进行，前者通过经典研学和师弟传习而薪火相传，后者沉淀为社会价值观念、化为乡风民俗而代代相承。这两个层面是如何发生联系的，上层是如何向下层渗透的呢? 中华文化悠久的家训传统，无疑在其中起到了重要作用。士子学人

（文化精英）将经典的基本精神、个人习得的实践经验转化为家训家规教育家族子弟，而其中有些家训，由于家族的兴旺发达和名人代出，具有很好的示范效应，而得以向外传播，飞入寻常百姓家，进而为人们代代传诵，其本身也具有经典的意味了。由本丛书原著者一长串响亮的名字可以看到，这些著作者本身是文化精英的代表人物，这使得家训一方面融入了经典的精神，一方面为了使年幼或文化根基不厚的子弟能够理解，并在日常生活中实行，家训通常将经典的语言转化为日常话语，也更注重实践的方便易行。从这个意义上说，家训是经典的通俗版本，换言之，家训是我们重新亲近经典的桥梁。

对于从小接受现代教育（某种模式的西式教育）的国人，经典通常显得艰深和难以接近（其中的原因，下文再作分析），而从家训入手，就亲切得多。家训不仅理论话语较少，更通俗易懂，还常结合身边的或历史上的事例启发劝导子弟，特别注重从培养良好的生活礼仪习惯做起，从身边的小事做起，这使得传统文化注重实践的本质凸显出来（当然经典也是在在处处都强调实践的，只是现代教育模式使得经典的实践本质很容易被遮蔽）。因此，现代人学习传统文化，从家训入手，不失为一个可靠而方便的途径。

此外，很多人学习家训，或者让孩子读诵家训，是为了教育下一代，这是家训学习更直接的目的。年青一代的父母，越来越认识到家庭教育的重要性，并且在当前的语境中，从传统文化为内容的家庭教育可以在很大程度上弥补学校教育的缺陷。这个问题由来已久，自从传统教育让位于西式学校教育（这个转变距今大约已有一百年）以来，很多有识之士认识到，以培养完满人格为目的、德育为核心的传统教育，被以知识技能教育为主的学校教育取代，因而不但在教育领域产生了诸多问题，并且是很多社会问题的根源。在呼吁改革学校教育的同时，很多文化精英选择了加强家庭教育来做弥补，比如被称为"史上最强老爸"的梁启超自己开展以传统德育为主的家庭教育配合西式学校，成就了"一门三院士，九子皆才俊"的佳话（可参阅上海古籍出版社即将出版的《我们今天怎样做父亲——梁启超的家庭教育》）。

本丛书即是基于以上两个需求，为有志于亲近经典和传统文化的人，为有意尝试以传统文化为内容的家庭教育、希望与儿女共同学习成长的朋友量身定做的。丛书精选了历史上最有代表性的家训著作，希望为他们提供切合实用的引导和帮助。

二、读古书的障碍

现代人读古书，概括说来，其难点有二：首先是由于文言文接触太少，不熟悉繁体字等原因，造成语言文字方面的障碍。不过通过查字典、借助注释等办法，这个困难还是相对容易解决的。更大的障碍来自第二个难点，即由于文化的断层，教育目标、教育方式的重大转变，使得现代人对于古典教育、对于传统文化产生了根本性的隔阂，这种隔阂会反过来导致对语词的理解偏差或意义遮蔽。

试举一例。《论语》开篇第一章：

子曰："学而时习之，不亦说（"说"，通"悦"）乎？有朋自远方来，不亦乐乎？人不知而不愠，不亦君子乎？"

字面意思很简单，翻译也不困难。但是，如何理解句子的真实含义，对于现代人却是一个考验。比如第一句，"学而时习之"，很容易想当然地把这里的"学"等同于现代教育的"学习知识"，那么"习"就成了"复习功课"的意思，全句就理解为学习了新知识、新课程，要经常复习它——一直到现在，中小学在教这篇课文时，基本还是这么解释的。但是这里有个疑问：我们每天复习功课，真的会很快乐吗？

对古典教育和传统文化有所理解的人，很容易看到，这里发生了根本性的理解偏差。古人学习的目的跟现代教育不一样，其根本目的是培养一个人的德行，成就一个人格完满、生命充盈的人，所以《论语》通篇都在讲"学"，却主要不是传授知识，而是在讲做人的道理、成就君子的方法。学习了这些道理和方法，不是为了记忆和考试，而是为了在生活实践中去运用、在运用时去体验，体验到了、内化为生命的一部分才是真正的获得，真正的"得"即生命的充盈，这样才能开显出智慧，才能在生活中运用无穷（所以孟子说：学贵"自得"，自得才能"居之安""资之深"，才能"取之左右逢其源"）。如此这般的"学习"，即是走出一条提升道德和生命境界的道路，到达一定生命境界高度的人就称之为君子、圣贤。养成这样的生命境界，是一切学问和事业的根本（因此《大学》说

"自天子以至于庶人，壹是皆以修身为本"），这样的修身之学也就是中国文化的根本。

所以，"学而时习之"的"习"，是实践、实习的意思，这句话是说，通过跟从老师或读经典，懂得了做人的道理、成为君子的方法，就要在生活实践中不断（时时）运用和体会，这样不断地实践就会使生命逐渐充实，由于生命的充实，自然会由内心生发喜悦，这种喜悦是生命本身产生的，不是外部给予的，因此说"不亦说乎"。

接下来，"有朋自远方来，不亦乐乎"，是指志同道合的朋友在一起共学，互相交流切磋，生命的喜悦会因生命间的互动和感应，得到加强并洋溢于外，称之为"乐"。

如果明白了学习是为了完满生命、自我成长，那么自然就明白了为什么会"人不知而不愠"。因为学习并不是为了获得好成绩、找到好工作，或者得到别人的夸奖；由生命本身生发的快乐既然不是外部给予的，当然也是别人夺不走的，那么别人不理解你、不知道你，不会影响到你的快乐，自然也就不会感到郁闷（"人不知而不愠"）了。

以上的这种理解并非新创。从南朝皇侃的《论语义疏》到宋朱熹的《论语集注》（朱熹《集注》一直到清朝都是最权威和最流行的注本），这种解释一直占主流地位。那么问题来了，为什么当代那么多专家学者对此视而不见呢？程树德曾一语道破："今人以求知识为学，古人则以修身为学。"（见程先生撰于1940年代的《论语集释》）之所以很多人会误解这三句话，是由于对古典教育、传统文化的根本宗旨不了解，或者不认同，导致在理解和解释的时候先入为主，自觉或不自觉地用了现代观念去"曲解"古人。因此，若使经典和传统文化在今天重新发挥作用，首先需要站在古人的角度理解经典本身的主旨，为此，在诠释经典时，就需要在经典本身的义理与现代观念之间，有一个对照的意识，站在读者的角度考虑哪些地方容易产生上述的理解偏差，有针对性地作出解释和引导。

三、家训怎么读

基于以上认识，本丛书尝试从以下几个方面加以引导。首先，在每种书前冠以导读，对作者和成书背景做概括介绍，重点说明如何以实践为中心读这本书。

再者，在注释和白话翻译时尽量站在读者的立场，思考可能发生的遮蔽和误解，加以解释和引导。

第三，本丛书在形式上有一个新颖之处，即在每个段落或章节下增设"实践要点"环节，它的作用有三：一是说明段落或章节的主旨。尽量避免读者仅作知识性的理解，引导读者往生活实践方面体会和领悟。

二是进一步扫除遮蔽和误解，防止偏差。观念上的遮蔽和误解，往往先入为主比较顽固，仅仅靠"简注"和"译文"还是容易被忽略，或许读者因此又产生了新的疑惑，需要进一步解释和消除。比如，对于家训中的主要内容——忠孝——现代人往往从"权利平等"的角度出发，想当然地认为提倡忠孝就是等级压迫。从经典的本义来说，忠、孝在各自的语境中都包含一对关系，即君臣关系（可以涵盖上下级关系），父子关系；并且对关系的双方都有要求，孔子说"君君、臣臣，父父、子子"，是说君要有君的样子，臣要有臣的样子，父要有父的样子，子要有子的样子，对双方都有要求，而不是仅仅对臣和子有要求。更重要的是，这个要求是"反求诸己"的，就是各自要求自己，而不是要求对方，比如做君主的应该时时反观内省是不是做到了仁（爱民），做大臣的反观内省是不是做到了忠；做父亲的反观内省是不是做到了慈，做儿子的反观内省是不是做到了孝。（《礼记·礼运》："何谓人义？父慈、子孝，兄良、弟悌，夫义、妇听，长惠、幼顺，君仁、臣忠。"）如果只是要求对方做到，自己却不做，就完全背离了本义。如果我们不了解"一对关系"和"自我要求"这两点，就会发生误解。

再比如古人讲"夫妇有别"，现代人很容易理解成男女不平等。这里的"别"，是从男女的生理、心理差别出发，进而在社会分工和责任承担方面有所区别。不是从权利的角度说，更不是人格的不平等。古人以乾坤二卦象征男女，乾卦的特质是刚健有为，坤卦的特征是宁顺贞静，乾德主动，坤德顺乾德而动；二者又是互补的关系，乾坤和谐，天地交感，才能生成万物。对应到夫妇关系上，做丈夫需要有担当精神，把握方向，但须动之以义，做出符合正义、顺应道理的选择，这样妻子才能顺之而动（"夫义妇听"），如果丈夫行为不合正义，怎能要求妻子盲目顺从呢？同时，坤德不仅仅是柔顺，还有"直方"的特点（《易经·坤·象》："六二之动，直以方也"），做妻子也有正直端方、勇于承担的一面。在传统家庭中，如果丈夫比较昏暗懦弱，妻子或母亲往往默默支撑起整个家庭。总之，夫妇有别，也需要把握住"一对关系"和"自我要求"两个要点来理解。

除了以上所说首先需要理解经典的本义，把握传统文化的根本精神，同时也需要看到，经典和文化的本义在具体的历史环境中可能发生偏离甚至扭曲。当一种文化或价值观转化为社会规范或民俗习惯，如果这期间缺少文化精英的引领和示范作用，社会规范和道德话语权很容易被权力所掌控，这时往往表现为，在一对关系中，强势的一方对自己缺少约束，而是单方面要求另一方，这时就背离了经典和文化本义，相应的历史阶段就进入了文化衰敝期。比如在清末，文化精神衰落，礼教丧失了其内在的精神（孔子的感叹"礼云礼云，玉帛云乎哉？乐云乐云，钟鼓云乎哉？"就是强调礼乐有其内在的精神，这个才是根本），成为了僵化和束缚人性的东西。五四时期的很大一部分人正是看到这种情况（比如鲁迅说"吃人的礼教"），而站到了批判传统的立场上。要知道，五四所批判的现象正是传统文化精神衰敝的结果，而非传统文化精神的正常表现；当代人如果不了解这一点，只是沿袭前代人一些有具体语境的话语，其结果必然是道听途说、以讹传讹。而我们现在要做的，首先是正本清源，了解经典的本义和文化的基本精神，在此基础上学习和运用其实践方法。

三是提示家训中的道理和方法如何在现代生活实践中应用。其中关键的地方是，由于古今社会条件发生了变化，如何在现代生活中保持家训的精神和原则，而在具体运用时加以调适。一个突出的例子是女子的自我修养，即所谓"女德"，随着一些有争议的社会事件的出现，现在这个词有点被污名化了。前面讲到，传统的道德讲究"反求诸己"，女德本来也是女子对道德修养的自我要求，并且与男子一方的自我要求（不妨称为"男德"）相配合，而不应是社会（或男方）强加给女子的束缚。在家训的解读时，首先需要依据上述经典和文化本义，对内容加以分析，如果家训本身存在僵化和偏差，应该予以辨明。其次随着社会环境的变化，具体实践的方式方法也会发生变化。比如现代女子走出家庭，大多数女性与男性一样承担社会职业，那么再完全照搬原来针对限于家庭角色的女子设置的条目，就不太适用了。具体如何调适，涉及到具体内容时会有相应的解说和建议，但基本原则与"男德"是一样的，即把握"女德"和"女礼"的精神，调适德的运用和礼的条目。此即古人一面说"天不变道亦不变"（董仲舒语），一面说礼应该随时"损益"（见《论语·为政》）的意思。当然，如何调适的问题比较重大，"实践要点"中也只能提出编注者的个人意见，或者提供一个思路供读者参考。

综上所述，丛书的全部体例设置都围绕"实践"，有总括介绍、有具体分析，反复致意，不厌其详，其目的端在于针对根深蒂固的"现代习惯"，不断提醒，回到经典的本义和中华文化的根本。基于此，丛书的编写或可看做是文化复兴过程中，返本开新的一个具体实验。

四、因缘时节

"人能弘道，非道弘人。"当此文化复兴由表及里之际，急需勇于担当、解行相应的仁人志士；传统文化的普及传播，更是迫切需要一批深入经典、有真实体验又肯踏实做基础工作的人。丛书的启动，需要找到符合上述条件的编撰者，我深知实非易事。首先想到的是陈椰博士，陈博士生长于宗族祠堂多有保留、古风犹存的潮汕地区，对明清儒学深入民间、淳化乡里的效验有亲切的体会；令我喜出望外的是，陈博士不但立即答应选编一本《王阳明家训》，还推了好几位同道。通过随后成立的这个写作团队，我了解到在中山大学哲学博士（在读的和已毕业的）中间，有一拨有志于传统修身之学的朋友，我想，这和中山大学的学习氛围有关——五六年前，当时独学而少友的我惊喜地发现，中大有几位深入修身之学的前辈老师已默默耕耘多年，这在全国高校中是少见的，没想到这么快就有一批年轻的学人成长起来了。

郭海鹰博士负责搜集了家训名著名篇的全部书目，我与陈、郭等博士一起商量编选办法，决定以三种形式组成"中华家训导读译注丛书"：一、历史上已有成书的家训名著，如《颜氏家训》《温公家范》；二、在前人原有成书的基础上增补而成为更完善的版本，如《曾国藩家训》《吕留良家训》；三、新编家训，择取有重大影响的名家大儒家训类文章选编成书，如《王阳明家训》《王心斋家训》；四、历史上著名的单篇家训另外汇编成一册，名为《历代家训名篇》。考虑到丛书选目中有两种女德方面的名著，特别邀请了广州城市职业学院教授、国学院院长宋婕老师加盟，宋老师同样是中山大学哲学博士出身，学养深厚且长期从事传统文化的教育和弘扬。在丛书编撰的中期，又有从商界急流勇退、投身民间国学教育多年的邵逝夫先生，精研明清家训家风和浙西地方文化的张天杰博士的加盟，张博士及其友朋团队不仅补了《曾国藩家训》的缺，还带来了另外四种明清家训；至此丛书全部12册的内容和编撰者全部落实。丛书不仅顺利获得上海古籍出版社的选题立项，且有幸列入"十三五"国家重点图书出版规划增补项目，并获上海市促进文化创意产业发展财政扶持资金（成果资助类项目—新闻出版）资助。

由于全体编撰者的和合发心，感召到诸多师友的鼎力相助，获致多方善缘的积极促成，"中华家训导读译注丛书"得以顺利出版。

这套丛书只是我们顺应历史要求的一点尝试，编写团队勉力为之，但因为自身修养和能力所限，丛书能够在多大程度上实现当初的设想，于我心有惴惴焉。目前能做到的，只是自尽其心，把编撰和出版当做是自我学习的机会，一面希冀这套书给读者朋友提供一点帮助，能够使更多的人亲近传统文化，一面祈愿借助这个平台，与更多的同道建立联系，切磋交流，为更符合时代要求的贤才和著作的出现，做一颗铺路石。

刘海滨

2019 年 8 月 30 日，己亥年八月初一

导　读

　　吕留良（1629—1683），字庄生，又名光轮，字用晦，号晚村，别号耻斋老人、南阳布衣；暮年为僧，名耐可，字不昧，号何求老人。浙江崇德（清康熙元年改崇德县为石门县，今属桐乡市崇福镇）人。吕留良是明末清初著名的诗人，同时又是著名的理学家、时文评选家、以刊行"程朱遗书"著称的出版家，著有《何求老人残稿》《晚村先生文集》《吕晚村先生四书讲义》《东庄医案》以及《晚村先生家训》等。

一

　　吕留良的本生祖吕熯，明嘉靖时为江西淮府仪宾、尚南城郡主，后为了侍养父母而与郡主一同回籍。本生父吕元学，万历二十八年（1600

举人，后谒选为繁昌知县，兴利除弊，有循吏之称。吕元学育有五子：大良、茂良、愿良、瞿良和留良。其中吕茂良，官刑部郎；吕愿良，官维扬司李。吕留良，父卒后四月，方由侧室杨孺人所生，诞生之后，其母无力照料，将他交给三兄愿良夫妇抚育。吕留良三岁时，三嫂病故，又过继给堂伯父吕元启。吕元启，吕焕之子，曾任鸿胪寺丞；吕焕，历任保定知县、辰州府通判、山西行太仆寺寺丞等。不久之后嗣父、嗣母，以及本生母相继过世，故而吕留良的少年时代，一直到十五岁几乎都是在不间断的服丧之中度过的，不可不谓孤苦凄凉。当时的吕家，还是一个深受明朝恩泽的官宦世家、文化世家，故而少年吕留良，得以接受良好的家庭教育，并表现得聪慧超群。

崇祯十七年（1644），吕留良十六岁，遭逢明亡清兴，不得不面临艰难的出处抉择。起先，吕留良散金结客、毁家纾难，曾与其友孙爽（1614—1652，字子度）、侄吕宣忠（1624—1647，字亮功）等人参与过太湖义军的抗清斗争，失败之后吕宣忠被杀，吕留良于悲痛之中避难他乡。后来，因为害怕仇家陷害，羽翼未丰的吕留良于顺治十年（1653）被迫易名应试而成为清朝的诸生。其子吕葆中（?—1711，字无党）在《行略》中说："癸巳始出就试，为邑诸生，每试辄冠军，声誉籍甚。"由此可知当时的吕留良，虽不汲汲于功名，却在举业上有着非凡的才能，而后从事时文评选而成名也就不足为怪了。直到康熙五年（1666），吕留良方才决意摒弃科考，被革去秀才，这在当时也是惊人之举："一郡大骇，亲知莫不奔问旁皇。"此时写有著名的《耦耕诗》，表达其隐居不出、终老乡野的志向，其一曰："谁教失脚下渔矶，心迹年年处处违。雅集图中衣帽改，党人碑里姓名非。苟全始信谈何易，饿死今知事最微。醒便行吟埋亦可，无惭尺布裹头归。"然而清廷却并未轻易放过吕留良，康熙十七年有博学鸿儒之征，浙江当局首荐吕留良，他誓死拒荐；康熙十九年又有山林隐逸之征，吕留良闻知消息当即吐血满地，无奈只得在病榻之上削去头发，披上袈裟，后隐居于吴兴妙山的风雨庵。即便如此，生前在节义之间的挣扎结束了，死后却依旧难以免除是是非非。

雍正十年（1732），在吕留良故世四十余年后，受雍正朝湖南曾静"反清案"的牵连，吕留良与长子吕葆中被剖棺戮尸枭示，幼子吕毅中被处斩立决，甚至连累子孙以及门人，孙辈免死发遣宁古塔与披甲人为奴，门人及刊刻收藏吕氏著作者或斩决或流放，受牵连者数百人。牵连之广，影响之大，罹难之惨烈，可谓清代文字狱之首。乾隆年间，吕留良著作被列为禁书，几遭禁毁，于是本为倡学东南、备受推崇的东海夫子吕留良，彻底被尘埋于历史尘埃之中；又因雍正帝亲自编撰的《大义觉迷录》对吕留良严加批斥，故而便由圣贤变为任人斥责的妖魔，如袁枚《子不语》和纪晓岚《阅微草堂笔记》所描绘的所谓"时文鬼"之类。

吕留良的后人被流放东北的宁古塔等地，虽累遭迫害，子孙仕途无望，但民族意志与人文精神却并未消散。吕氏家族世代生长于人文渊薮的江南，具有深厚的文化积淀，所以吕留良的后人仍不废读书，于流放地以塾师、医药、商贩为业谋生，促进了当地社会经济与文化事业的发展。章太炎先生曾走访吕氏后裔，他在《书吕用晦事》中说："民国元年，余至齐齐哈尔，释奠于用晦影堂。后裔多以塾师、医药、商贩为业。土人称之曰'老吕家'，虽为台隶，求师者必于吕氏；诸犯官遣戍者，必履其庭。故土人不敢轻，其后裔亦未尝自屈也。"吕氏后裔竟然又开关外文化之花，这大概是兴此文字狱冤案的雍正帝所始料未及的。沦为社会最底层的吕氏家族不仅没有消沉下去，反而在最为艰难的处境里展现出别样的风采，究其原因则吕氏家族的家风、家训功不可没。

中国古人本以家族观念为重，喜家族群居，一大家族人若想和睦相处，家训则极为重要。吕留良生前曾读过浦江郑氏义门的《郑氏规范》，极为仰慕赞叹，以为至善，于是立志编撰吕氏家训，并传之于家，流之于后。然而因为种种原因，此书并未在其生前完成。吕葆中在其去世之后，选编了《晚村先生家训真迹》一书，在康熙四十二年（1703）刊行。如今再根据吕葆中的编撰原则，补入若干篇目，并加以译注，故改名为《吕留良家训译注》（下文简称《家训》）。再读吕氏家训，觉其对今人的教育，特别是家庭教育多有启发。现对其家训之特色，作一简要介绍。

二

在《家训》中，卷一都是吕留良生前撰写的家规类文字，而《壬子除夕谕》则是一编之纲。其中第一篇《梅花阁斋规》是其设馆教书办学的行为规范，第三、四篇则是临终的交代：一是家族事务，一是丧祭事务。《壬子除夕谕》作于壬子年（康熙十一年，1672）除夕，吕留良四十四岁之时。该文立规明确，条理清楚，可视为其《家训》之"总纲"。

在《壬子除夕谕》中，吕留良开宗明义地表白自己因读《郑氏规范》，而心生仰慕。他说："彼人也，我亦人也。彼为法于一家，可传于后世，我未之能逮也，愿与吾子孙共存此志，期于必成。"浦江郑义门是指世居于浙江省浦江县郑宅镇的郑氏家族。郑氏以"孝义"治家，自南宋至明代中叶，郑氏家族十五世同居共食，和睦相处，累受朝廷表彰。明洪武十八年（1385），明太祖朱元璋赐封其为"江南第一家"，时称"义门郑氏"。吕留良学习郑氏家族的态度十分坚决，于是在《郑氏规范》的根本大要之中，择其不可缓者四则，在壬子年除夕夜写下此文，并与妻、子、诸妇立约相勉，期望子孙后世共同努力而成就吕氏自己的家训。吕留良提出的四则家训分别为：

（一）敬顺。吕留良认为，欲为敬顺，则要发自内心地尊敬长辈，这与孔子的"色难"如出一辙。他认为妻必敬顺其夫，子女必敬顺父母，弟妹必敬顺兄嫂及姊，子侄必敬顺伯叔，幼妇必敬顺长妇等等，以此成孝悌之道。讲敬顺，强调的是"孝道"，不止外表的言语、呼揖、行坐、作为等具体的行为小节，更当看重"中心敬顺"，是发自内心的对人尊敬，对长者顺从。心存敬顺，则行为无不敬顺。外在行为的不敬，多因其内心无敬顺之心所致。

（二）无私。吕留良认为，大家庭不和，多肇始于人存私心。他说："一人存私，大家去存私，自然兄弟不和，不能同居矣。"所以严厉告诫诸子媳妇"断绝此一点恶念头，不可分此疆彼界。一应器物，大家用，大家收拾爱惜""饮食，大家分尝"，大至家族，小至一家一户，都是一家至亲，财物公用，权衡缓急轻重再做决定，而不以己为重。人人都存了私心，家庭就会不睦，严重者则分崩离析。

（三）勤俭。勤为治家之本，亦为修身之本，古今皆然。从古至今，未尝见有懒惰而发家致富者。吕留良要求家人，即便日无大事，亦要早起晏眠。他说："早起晏眠，一日抵两日。"如此方为家族的长治之道。同时认为，"勤而不俭，虽有亦立尽"。告诫子孙要明白衣食艰难，事事节缩，如食不必兼味，勿好绫罗绣缎及金珠无益之物等。今日之社会，物质发达而资源有限，且财富不均，故节俭之美德不可丢。

（四）去邪，就是反对迷信。吕留良认为，听信邪说，必害礼义。他学宗程朱，严守儒佛之辨，所以又明确要求，"吾家子孙、妇女，不论老少，不许烧香念佛……僧尼老佛，不许往来"。康熙十二年冬，吕留良自金陵返崇德，至北门，见有建佛殿者，即与董杲、沈廷起、吴之振、吴尔尧诸友论其不可；后经其极力劝阻，崇德县令杜森、教谕管凤来听取意见，废止了佛殿工程。与晚明会通三教的风气截然相反，明清之际，出于对明朝衰亡原因的沉痛反思，儒者多转而提倡恢复儒家学说的纯粹性，对此应予以历史性的对待。

吕留良的"八字"家训，取旨于儒家经典。首提"敬顺"，用以伸张儒家孝悌之道，理顺了家族中长幼尊卑的秩序，就为维护家族的人际关系打好了基础；次提"无私"，以为人存私念便是家族不和的根源，于是规定了家族财产的收入和使用原则，可使家族免于发生经济纠纷，增强家族的凝聚力，从而使家族成员更加和睦相处；三提"勤俭"，勤俭持家，则能保证家族的长治久安；四提"去邪"，反对迷信活动，实为提倡礼仪，去除邪说妄言，则少了搬弄是非，就会更加务实。因此而说此八字家训，实为吕氏家训的总纲。

三

读书，可以修身，可以济世，自古以来就是人们日常生活的重要组成部分。吕氏家族罹大难而传承不绝，其读书传家的家训功不可没。

清顺治十八年（1661），吕留良在仲兄茂良的督责之下，辞去社集及坊选之事，在城西的吕氏梅花阁设立馆学，教授子侄辈及门人读书。吕留良制订《梅花阁斋规》并贴于阁壁，此斋规当是吕留良论治学的重要篇章。联系其《四书讲义》或《力行堂文约》《程墨观略》，以及与子侄、门人的书信，可见其论读书治学之原则。

（一）读书治学的目的

古人教育子孙读书进学，历来强调以圣贤之书来进行自身修养而非追求功名利禄，然而传统的社会风尚却又以能否出仕为官作为读书人实现人生价值的重要标准，再加上历代统治者的提倡，仕途便成为士人读书的唯一目的。吕留良设馆梅花阁，教子侄读书之时，则完全没有仕途的目的。

吕留良生活于明清之际，曾是抗清志士，故而特别重视民族大义，坚守晚节，不仕清廷。作为明朝遗民，吕留良又与黄宗羲、张履祥、陆陇其、王锡阐、黄周星等著名遗民交游，对于遗民之节义的反思，也是其家训思想的重要特点。因其家族与个体曾历经明清两朝，内心多有反复挣扎，故特别重视于出处、辞受之中体现出来的节义之道。他在《四书讲义》中说："圣贤于出处去就、辞受取予上，不肯苟且通融一分，不是他不识权变，只为经天纬地事业，都在这些子上做，毫厘差不得耳。"无论是对朱熹思想的阐发，还是对王阳明思想的批判，以及对夷夏之辨和君臣、封建、井田等问题的探析，都是从节义之道出发来加以探讨，多有其独到之处。钱穆先生在《吕晚村学述》中指出："讲理学正当从出处去就、辞受交接处画定界限、扎定脚跟，而岂理气心性之空言，所能辨诚伪、判是非……当晚村之世，惟如晚村，乃始得为善述朱学也。"可见作为清初著名理学家的吕留良，他所倡导的节义之道，对于个人的修身，特别是如何扎定脚跟来说，有着极为重要的意义。所以说，继承与发展朱熹的学术思想，而且以节义思想为核心，也是吕留良家训的突出特点。

节义之道最突出、最具影响力的主张就是"夷夏之防"。吕留良多次以《春秋》经传所载的齐桓公"尊王攘夷"事迹，以及《论语》中孔子对管仲的赞语为例，表达其思想。他在《四书讲义》中说："孔子何以许管仲不死公子纠而事桓公甚至美为仁者? 是实一部《春秋》之大义也。君臣之义固重，而更有大于此者。所谓大于此者何耶? 以其攘夷狄救中国于被发左衽也。""一部《春秋》大义，尤有大于君臣之伦为域中第一事者，故管仲可以不死耳。原是论节义之大小，不是重功名也。""君臣之义"固然是"人伦之至大"，君臣而后父子、夫妇，然而其中需要讲明的也就是节义。也就是说，真正需要讲明的只有出处、辞受的节义之道，至于必当选择"夷夏之防"而非选择"君臣之义"，也就在于节义大小的分辨，而不在于功名大小的分辨。

"夷夏之防"在当时明显针对的是由"夷狄"入主中原的清王朝。民族气节，也就成为吕留良家训中的一个重要内容。《家训》卷二为《谕大火帖》二十四则。大火，即吕留良的长子吕葆中，又名公忠，字无党，乳名大火。康熙二十年初夏，吕留良东庄观稼楼竣工，急需筹款装潢，大火奉父命奔走于金陵与福建两地，无暇顾及功名仕进，亲友为之惋惜。吕留良在《谕大火帖》中则说："一径南行，亲知皆有惋惜之言，儿得无微动于中乎! 人生荣辱重轻，目前安足论，要当远付后贤耳。父为隐者，子为新贵，谁能不嗤鄙? 父为志士，子承其志，其为荣重，又岂举人、进士之足语议也耶? 儿勉矣。"此文言简意明，期望其子承父志，要做"志士"，不要做"新贵"。

吕留良要求子侄把读书进学当作明理、知性的重要手段。《梅花阁斋规》起始即引名言："程子曰：洒扫、应对、进退，造之便至圣人。"吕留良对此评论说："今日为学，正当以此为第一事。能文其次也。"由此可见，他设馆授徒是把"育人"放在首位。读书进学是教人懂得待人接物之礼，是为了"修身养性"，塑造一个人的品性，培养一个人的节操。《家训》卷三《谕辟恶帖》之中说："读书、执事，原无两义。读书以明理为要，理明则文自通达，于人情世故亦无所不贯，故曰'无两义'。"辟恶，为留良次子吕主忠，又名时中，字无贰，乳名辟恶。在此文中明白无误地告诉他"读书以明理为要"，其他如文理通达、人情世故等都是次要的，明白书中义理之后自然就容易贯通了。还有对于孩子的买书，则非常鼓励，《谕大火》中说："一路但见好书，遇才贤，勿轻放过。"《谕降娄帖》中说："遇古书，为家中所无者，勿惜购买，此不与闲费为例也。"只要遇见家中没有的好书都不可轻易放过，买书的钱都不算闲钱，因为只有书中的义理才是真正可宝贵的。

（二）治学与治生

治生就是谋求生计。从吕留良涉及治学与治生的家书中可以看到他一贯的主张，治生是为了治学，治学当高于治生。

《家训》卷三《谕辟恶贴》中，吕留良述及辟恶就"治生"一事发表议论的文字，他说："于汝兄案头见汝字，欲聚精会神谋治生之计，此无甚谬。乃云文章一事，当以度外置之，此错却定盘针，连所谓治生之计通盘不是矣。"在他看来，治生与治学的关系不可颠倒，治生是为了治学，"欲聚精会神谋治生之计"无大错，"乃云文章一事，当以度外置之"这就大错了，就会连治生之计也通盘不是了。吕留良一再表明自己开刻局卖书，"非求利也，志欲效法郑氏……正欲使后世子孙知礼义而不起谋利之心，庶几肯读书为善耳。若必置文章而谋治生，则大本已失，所谋者不过市井商贾之智"。读书而知礼明义，修身养性，这是人一辈子都不可或缺的，否则将沦入市井商贾甚至盗贼之中，只知谋利不知明道了。

治学当高于治生。他还在《谕辟恶贴》中说："古人戒悠忽，正为无志于学耳。若志在货利，则其患又甚于悠忽矣。此种鄙俗见识，其根起于无知而傲，傲而不胜则惰，惰而不能改则自弃，弃者必自暴。""喻义喻利，君子、小人之分，实人禽中外之关。与其富足而不通文义，无宁明理能文而饿死沟壑，此吾素志也，亦所望与汝辈同之者也。"所以，所谓聚精会神谋治生之计，正是留良所痛斥的"悠忽"以至于无所立身的人。事实上，社会上多有治学反是为了治生的急功近利之徒，一旦出现读书而未获得好的谋生之道，未获得功名利禄，便以为读书无用，便失去了学习的动力。人心浮躁，目光短浅，其实就是因为不读书，正如吕留良所说："医俗之法，止有读书通文义耳。"

（三）治学途径与方法

吕留良治学特点有二：一为勤，二为严。吕留良所订之《梅花阁斋规》，对子侄进学作出了严格的规定，提出了具体的要求：晨起必早，早起读书，声必明朗，要记遍数，不许偷少；背书不许差讹字句，重复上句；读书若懵然不觉，心驰于外，昏气倦容，呵欠瞌睡交集，当予杖以醒之，等等。由此可见，吕留良先生对子弟学业上的要求是很严格的。

吕氏为学勤严，不仅体现在《梅花阁斋规》的明确规定上，还体现在《家训》对子侄功课的叮嘱中。如《家训》卷二《谕大火帖》中数次叮嘱："虽甚忙，不得废文字。吾于此验其进退，勿违也。即读，亦不可废。"还有《谕降娄帖》中也说："汝在寓无人提撕，便恐堕落。早晚不可不读书，读书便是提撕法也。不可妄有作为，及燕辟佚游，谑浪作闹，此最损根本，不可不儆。"吕留良是严父，也是慈父。他对长期在外经营书业的长子吕葆中时时挂念，殷殷嘱咐；儿子学有长进，则喜悦之情溢于言表，但若疏于学业，则严厉训导，如《谕大火帖》中就有这样的文字："四月、五月会题并到，不见前两会文，何也？众议汝文，每次月有南京船到而无文，即注罚。""宝忠工课，勿令间辍。"宝忠，又名宏中，字无欲，乳名降娄，为吕留良三子。正是他时时过问子侄的学业，造就了吕氏家族勤读苦学的家风。

治学也当从生活实践中来。古人云："读万卷书，行万里路。"可见治学不止读书一途。吕留良教导子侄，除了读书，还要在生活实践中用心。他在《谕大火帖》中说："洒扫、应对、进退间，无一时一事可观，那得长进？教法须从此处着力也。""局中事事当觉察，阅历一番，心细一番，亦是学问长进处。事理无大小，只是此心做。"学问必当包括做人做事的道理，故而生活的时时处处都需要用心体察，这些言论以现代人的治学观来看，也是颇有见地的。

四

吕留良治家的家训，主要论述为人处世的原则。在日常生活中，吕留良对家人，对妻子、对子侄辈的态度，可用"敬爱严慈"四字概括。

敬爱，直接体现于对妻子范氏的态度。作为世家大族的主持者，吕留良一生只娶范氏一妻而未娶妾，这在传统社会中也是少见的，实属难能可贵。《家训》中提及妻子范氏的文字不多，但从只言片语中亦可见吕留良对妻子范氏的敬爱之情。在《家训》卷二《谕大火贴》中，记述康熙元年吕留良苦心经营，修缮南阳村庄，本拟为连襟黄廉远设馆，以教子侄们读书，不料想黄廉远早已托人觅馆于杭州且去意坚决。黄廉远，为吕留良挚友黄宗炎之子。吕留良如此厚待，黄廉远却如此不守信义，于是心里很不是滋味，但他更担心的是妻子"性隘"，一时间接受不了，于是在《谕大火帖》中嘱咐儿子："汝母性隘，恐闻其相负之状，心不能平，汝可善言慰之。"可见其对妻子的敬爱体贴之情。

严慈，体现在吕留良对儿孙辈的疼爱上。如《家训》卷三《谕大火辟恶帖》就记录有吕留良出游金陵得孙喜讯的文字："盛六船来，收初十日字，知举第三孙，十分欢喜，可小名京还，以志吾游也。"信中还不忘叮嘱："大媳蓐中安健，须慎调理。汝母及大小各好？吾甚慰念。"其中所体现的对妇女的尊重与关切，在传统社会中也是少见的。吕留良对子侄辈严慈兼备，一是关心爱护，一是严格要求，此类文字在《家训》中处处可见。特别是对成年累月奔波在外的长子吕葆中的呵护备至，如《谕大火帖》中就说："计汝行至丹阳，道中当遇雨，不知雨大小如何，不至困苦否？廿许日无信至，甚念之。"又一则说："十八九连雨，甚念驴背之苦。廿九日得信，乃喜。宝忠疟若未愈，可买陈皮、半夏各一两，用神曲打糊为丸，每服二三钱，淡姜汤下。"言辞殷殷，读后深为一个父亲对子女的关爱之情所感动。《家训》中记录吕留良对子侄辈严格要求的事例不胜枚举。如吕留良的侄子吕至忠，字仁左，为其四兄吕瞿良之子，少孤，由吕留良抚养。吕至忠曾为一妓女所惑，以致游荡不羁，吕留良遂严加禁督，曾在《与侄帖》中对他说："闻日来外间狭邪之风甚炽，富室子弟尽为所煽坏。举国若狂，可恨可畏。汝脚根未牢，宜更加警省，以彼曹为惩戒。"吕至忠初时愤怼不已，吕留良乃亲书《谕家人帖》贴于四房后门内，设立门簿，着众人轮流值日管门，严防与骗诱罪魁往来。吕至忠后来悔悟，晚年反更勤俭，赖此以保家业不破。

五

　　吕葆中编刊的《晚村先生家训真迹》原分五卷，"附编"《训门人》与《友朋责善》仅有存目，这两目之中应收录哪些具体篇目，已不得而知了。本书的前五卷，除了增加"今译""简注""实践要点"三项之外，原文的内容不变，但重新作了校对，部分地方重新分段，以便读者使用。本书"补编"的前面七篇，希望补作"训门人"，从吕留良与门人约二十通书信中选出，其中特别是《与吴玉章书》《与吴玉章第一书》《与吴玉章第二书》以及《与陈大始书》，都是针对其门人吴玉章的完整教育过程。"补编"的另外七篇，《力行堂文约》《〈程墨观略〉论文》作为吕留良关于作文教育的补充，而《客坐私告》《甲寅乡居偶书》《癸亥初夏书风雨庵》等篇，也可以作为《壬子除夕谕》《戊午一日示诸子》的补充。另附严鸿逵的《家训》跋、邓实的题诗，以及吕葆中撰写的《行略》，供参考。

　　本书的家训原文，以清康熙四十二年（1703）吕葆中主持刊刻的明农草堂印本《晚村先生家训真迹》（该本曾收入于《续修四库全书》上海古籍出版社 1995 年版）为底本，并参校了两种标点本：俞国林编校《吕留良全集》（中华书局 2015 年版），该书未收《家训》原书，相关书信或文章见第一册的《吕晚村先生文集》《续集》或《补遗》；王士杰主编，徐正、吴光执行主编《吕留良诗文集》（浙江古籍出版社 2011 年版）。本书的译注参考了卞僧慧《吕留良年谱长编》（中华书局 2003 年版）、俞国林《天盖遗民——吕留良传》（浙江人民出版社 2006 年版）等著作。

译注，主要分为三部分。"今译"，将文言的原文翻译成白话文，以紧扣原文为原则，译文的字句在原文中都能找到依据，而原文的意思则在译文中都能得到落实。也有少数有助于理解原意的补充信息，一般用括号来作标示。"简注"，因为另有"译"，故本书的注释较为简明扼要，主要针对生僻的字词标注汉语拼音，并作了解释；对文中涉及的人名、地名、书名，以及引用的古书原文、典故、术语等，作了简要的介绍，信使、仆人等一般不出注；人物第一次出现，予以详注，再次出现则简注或不注。"实践要点"，不方便在"注"或"译"中加以讲解的，诸如本则家训所包含的要点的概括，所隐含的道理在实践上的古今异同，以及在认识上的误区等，作一些必要的说明。

本书的导读，由张天杰、鲁东平合作完成；卷一、卷二，由鲁东平译注并撰写实践要点；卷三、卷四、卷五，由王晓霞译注并撰写实践要点；补编，由张天杰编选、译注并撰写实践要点，张天杰还负责全书的统稿、校对等工作。教育是立国之本，家庭教育对一个人的成长至关重要。通过译注等方式，将吕留良的家训精华普及于众，启发并指导普通家庭的子女教育，同时规范自身言行举止，实是我辈之职责所在。因为学力之限，本书一定存在不少问题，恳请广大读者批评指正。

本书在编撰过程中，得到徐正先生与俞国林先生的指正，本书的插图也由俞先生提供，另有郁震宏先生协助校正，感谢师友的帮助！

本书的编撰还得到了桐乡市委宣传部、桐乡市文联，以及崇福镇人民政府的大力支持，在此特表谢忱！

张天杰

2018 年 8 月于杭州师范大学仓前恕园

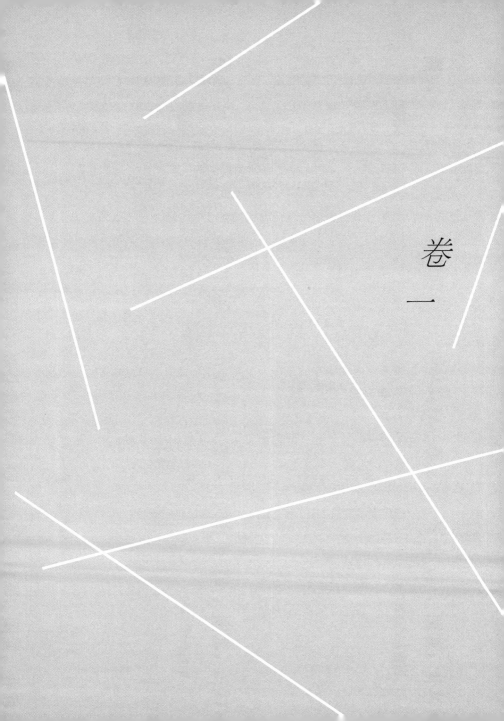

卷

一

梅花阁^①斋规

程子^②曰:"洒扫、应对、进退,造之便至圣人。"今日为学,正当以此为第一事,能文其次也。其共勉之。

| 今译 |

程子说:"洒水扫地、应答接待、进退行动,培养好了便能达到圣人的境界。"现在做学问,正应当将此当作第一要务,能写文章则是次要的。希望大家共同勉励。

| 简注 |

① 梅花阁:位于吕氏家族的花园友芳园之中,在崇德县城的西边,靠近西侧城墙。清初,因为当局注意到吕留良的反清活动,故而他听从几位兄长之命,不再外出参加结社或评选时文等活动,安心在家中教育子侄、门人。

② 程子:宋代理学家程颢、程颐兄弟,也即"二程","程子"是对他们的尊称。

什么是真正的学问？在吕留良看来，做人第一，其次才是写文章之类具体的知识、能力。做人，从洒扫、应对、进退开始，也就是说从小学会如何待人接物，并在此过程中培养品格。将此作为学规的第一条，可见其教育的特点，也即做人第一，值得当下做父母的思考。

晨起必早。面水未至，先入位习业。盥栉①衣冠毕，进揖。同学相揖，即就位，从容庄肃，展书开读。声必明朗，毋含糊低懦。必记遍数，不许偷少。背书不许差讹字句，重复上句。

凡一课初完，稍觉昏□□□②，静坐一息，或命散立一息，但不得借为戏游地，□□饭。

讲书必衣冠。讲时静听默思，有疑义，则从容起问。若问及，必庄对，毋口中嗫嚅③，欲吐不吐；亦不得率尔致语，全不思索。至有懵然不觉，心驰于外，昏气倦容，呵欠瞌睡交集，此下愚质也。当予杖以醒之。讲毕，揖退就位，再看书，静思一息，乃执它业。

早上起床一定要早。洗脸水没有送到前，先到座位上学习。洗漱穿戴好了，上前作揖。同学相互作揖之后，就坐到座位上，仪态从容，庄严肃穆，打开书本开始读书。读书声音一定要清脆响亮，不能含糊不清、有气无力。必须记录下诵读的遍数，不许偷偷减少。背书之时不允许背错、遗漏字句，或重复上一句。

一节课结束，稍微觉得头沉目昏，精神倦怠，就静静地坐一会，或者独自站一会，但不能趁机游戏嬉闹、吃东西。

讲书（上课）的时候一定要穿戴整齐。在老师讲解时静静地聆听、默默地思考，如有问题，就从容地站起来发问。若被提问，一定要庄重地回答，不能吞吞吐吐；也不能轻率乱说，全然不加思考。若是懵懵糊涂不知不觉，心思总在课堂之外，昏昏沉沉满脸疲惫，不断打呵欠想瞌睡，这都是资质最为愚下的人。必当杖责使其警醒起来。在老师面前的对讲完毕，给老师行礼之后坐回座位，再去看看书，静静地思考一会，才能再做其他功课。

① 盥栉（guàn zhì）：梳洗。盥，洗手、洗脸。栉，梳头。

② 此处原有缺字，下同。

③ 嗫嚅（niè rú）：想说又不说，吞吞吐吐的样子。

| 实践要点 |

此处关于如何诵读、如何听讲等方面的要求极为严格，然而其中的道理则值得参考。比如诵读当记下遍数，当清脆响亮，以及不可背错或遗漏字句、重复上一句，这也是对学生最基本的要求。当下有些家长因为宠溺，过分宽容，反而害了孩子。再如回答问题，一定要严肃，不可太过轻率；上课时间若是满脸疲倦，呵欠瞌睡，其实就是往素质愚下走了，故而必须使之警醒。还有，如与老师对讲之后，回去还当迅速将所讲之书温习一遍，思考一遍，然后再学习其他。这些细节都是多年从事教学的经验之谈，极为宝贵。

傍暮课毕，庭下散步。言必循理，思而后发，不许戏谑①，或以尖酸隐语，或以笔墨讥笑，此最是下流轻薄儿所为，勿学也。

夜饮群叙，必和必敬，饮食必自顾容仪。

灯下习业，即先完者，亦且静坐沉思，反复玩味，最有益。余未寝，毋先卧也。

除讲书、饮馔及午膳后小憩，夜饮前后散步款语，余时不许私相往来，聚谈嬉戏。

凡言语应对，必响亮决绝，然又不可突而声厉。

拜揖须深，首不可仰，正立圆拱，疾徐中度，揖须端立，缓退，毋轻躁。趋走庄重，毋跳跃颠踬②。坐必正直，毋跛倚③。

　　傍晚课程结束，在庭院里散步休息。说话一定要遵循道理，说前三思，不能乱开玩笑，或者说话尖酸刻薄、话里有话，或者写文章讥笑别人，这些都是最下流轻薄之人的所作所为，不可仿效。

　　晚上一起聚会宴饮，一定要和睦恭敬，吃喝时必须注意自己的仪容。

　　灯下温习功课，率先完成的人，也要静静地坐着沉思一会，反复玩味书中道理，这是最有益的。我（指老师）还未睡觉，（学生们）不可先去睡觉。

　　除了上课、吃喝以及午餐后的休息时间，夜饮前后的散步轻语，其他时间都不允许私下来往，聚在一起嬉戏谈笑。

　　凡是交谈应答，一定要响亮干脆，但是不可突然高声（怪声怪气）地说话。

　　拜会作揖必须深揖，头不能仰着，立正圆拱，快慢适中，作揖之时端正站立，慢退，不要轻率急躁。小步快走也要庄重，不能蹦蹦跳跳、跌跌撞撞。坐时务必坐正，不可偏倚斜靠。

① 戏谑（xuè）：逗趣、开玩笑。
② 颠踬：跌跌撞撞地行进。
③ 跛倚：歪斜不正地倚靠某物。

此处几条大多值得当下的教育实践者参考，虽然许多礼仪随着时代而有所变更，但其中的道理却依旧有其价值。比如，学生之间说话，要讲道理，不要随意开玩笑，不要尖酸刻薄，或者话里有话。再如，与人交谈，应当响亮而干脆，不可突然高声说话，怪声怪气。其实吕留良所说的，都是在强调如何培养一个有教养的孩子，这一点古今都是相同的。他说的不可蹦蹦跳跳之类，是指在比较庄重的场合，故而也不是扼杀儿童的天性。

　　有客至，在堂者起揖，在房者非呼不许出揖。揖毕，即入位。

　　课业，非命坐不得与坐，非命辍诵不得辍诵，非问及不得参语。

　　书本须爱护，不使污损及折角。

　　凡学者，最忌好高骛等，如不命作文而私自拈题，或至妄作诗古文词，钉本涂写，私看闲书，私学它艺，极为学累，终难长进，必痛责而□□之。

　　有客人到，在大堂的要站起来作揖，在房间内的如老师不呼唤不许随意出来作揖。作揖完毕，就要回到座位上。

　　在老师那边汇报功课，没有让坐下不得擅自坐下，没有让停止诵读不得擅自停止诵读，没有问到不得擅自插话。

　　书本必须爱护，不能将书本弄脏、损坏或者折角。

　　凡是学习，最忌好高骛远，若没有命题作文就私自选题，或至于任意写作古文、诗词，装订本子胡乱涂写，私下观看闲杂书籍，私下学习其他技艺，这些都会非常拖累学业，终究难以获得长进，必定要痛加责备而让其改正。

| 实践要点 |

　　此处所说的对待来客的礼节，其实也适合现代家庭的孩子，如孩子在客厅，必须打招呼；如孩子在自己房间，不经大人传唤一般不得随便出来。是否爱护书本，也是一条值得特别注意的原则。学习，特别要避免好高骛远，稍有点才华，就自以为是，自己拟题，或写诗写词等等，往往是名利之心的驱使，那么就要适当控制，并加以引导。至于看闲书、学其他技艺等等，也需要有所控制与引导的，否则就会耽搁正经的学习，影响一辈子。

有事须出，则详告以故，如期而归。倘所出非□□，必究其极而大惩焉。

凡午前课阙，不许与午饭；□□^①课阙，不许与夜饮；灯下课阙，不许就寝。

| 今译 |

若因有事需要外出，就要详细告知原由，按时回来。倘若出去不是（正经之事），必定追究其根原并且大惩。

凡是上午缺课，不许吃午饭；下午缺课，不许参加夜饮；晚上缺课，不许睡觉。

| 简注 |

① 原缺，当是指午后、下午。

| 实践要点 |

此处强调两条：一是如有外出当告知原因，不可欺骗；一是上午、下午、晚上三个时段的课程都必须严格完成，如缺则必当罚。可见其要求之严格，也唯有严格要求，方能培养出合格的人才。

附：吕公忠记

辛丑岁，先君子始谢去社集及选事，携子侄门人读
书城西家园之梅花阁中。

此其斋规也。黏壁久，故有阙字。公忠记。

| 今译 |
/

辛丑年间，父亲大人开始谢绝社团集会以及评选时文结集出版等事，带着子
侄辈及门下弟子在城西自家花园的梅花阁之中读书。

这是梅花阁的斋规。黏贴在墙壁之上时间长了，所以有些字模糊不清。公
忠记。

| 梅花阁斋规 |

11

壬子除夕谕

吾自读浦江郑义门①《规范》，即慨然慕之。彼人也，我亦人也。彼为法于一家，可传于后世，我未之能逮也，愿与吾子孙共存此志，期于必成。度其规制法度之全，势不能猝备，当以渐为之，而其根本大要，不可缓者有四，先与妻、子、诸妇立约相勉，其共听焉。

| 今译 |

我自从读了浦江郑义门的《郑氏规范》，就心生感慨而仰慕他们。他们是人，我们也是人。他们在家族内制定家规，能够流传后世，我尚未做到，希望能够和我的子孙们共同怀着这个志向，确保能够成功（指立下自家的家规并传于后世）。考虑到像他们那样规则法度全面，势必不能一下子完备，应当慢慢制定，但是规范的根本要旨，不能拖延的有四条，先和妻子、儿女及各位媳妇订立此四条约定并互相勉励，希望大家共同遵守。

① 郑义门：浙江省金华市浦江县郑宅镇郑氏，自南宋建炎初至明英宗天顺三年，合族同居十五世共三百余年。元至正四年其家族被首次旌表为"孝义门"；明洪武十八年太祖朱元璋钦赐为"江南第一家"。

| 实践要点 |

择善而从——看到别人好的方面便努力地去学习，这是提高自身的一条重要途径。超出了自己的能力范围，便将别人好的方面当作学习的榜样，选择力所能及的方面努力向其靠拢，并能分清学习的轻重缓急，这是每个人都应该努力做到的。

> 一曰敬顺。凡为妻者，必敬顺其夫；为子者，必敬顺父母；为弟妹者，必敬顺兄嫂及姊；为侄者，必敬顺伯叔；为幼妇者，必敬顺长妇①。如此，则孝弟②之道成矣。
>
> 中心敬顺，外间言语、呼揖、行坐、作为，无不敬顺。即如行坐一节，吾每见兄立而弟自坐，夫立而妻自坐，长妇立而幼妇自坐，傲然自由，毫不肃恭起立。此虽小节，实即不敬顺之心所发也。今后推此戒之。

一为敬顺。凡是当妻子的，必须尊敬顺从自己的丈夫；做子女的，必须尊敬顺从父母；当弟弟妹妹的，必须尊敬顺从哥哥、嫂子和姐姐；做侄子的，必须尊敬顺从叔叔伯伯；年纪小的妇人，必须尊敬顺从年纪大的妇人。如此，孝悌的道义就养成了。

心中敬顺，外在的语言交流、呼唤作揖、行走坐下、行为举动，则无不敬顺。比如行走、落座这一项，我常常见到兄长站立而弟弟自顾自地坐着，丈夫站立而妻子自顾自地坐着，大媳妇站立而小媳妇自顾自地坐着，傲慢无礼，懒散自由，完全没有肃然恭敬站立着的。这虽然是小事，实际上是由不恭敬顺从的内心引发的。今后要由此推彼，戒除不敬顺之心。

| 实践要点 |

尊老爱幼，明长幼尊卑的秩序，是中华民族的传统美德，是社会秩序良性运行的保障。尊敬他人，才能获得他人的尊敬。我们立身处世时，不止对长者，对普通人也要心存尊敬之意。当然，反过来，长者及身份地位高者对别人也要抱有敬重之心，因为尊重都是相互的。

| 简注 |

① 长妇：丈夫在兄弟中排行第一的妇女。

② 孝弟：即"孝悌"，"孝"指孝敬父母，"悌"指尊敬兄长。

> 一曰无私。大凡人家分争，兄弟不和，其端必始于妯娌。妇人小见，只要自好、自管，后来自做私房，不知你要自好，谁人肯让你独好？一人要便宜，大家要便宜；一人存私，大家去存私，自然兄弟不和，不能同居矣。

一为无私。大凡家人之间出现纷争，兄弟之间不和睦，这事的根源必定是从妯娌间起始的。女人见识短浅，只要求自己好、自己管，后来就会藏在自家的私房里，却不知道你要自己得好处，哪个人肯让你独占好处？一个人要占便宜，大家便都要占便宜；一个人存私房，大家便都去存私房，这样自然就会兄弟不和睦，不能共同居住了。

| 实践要点 |

把家庭不和的根源归结到媳妇身上，体现出吕留良那个时代对妇女的偏见，这是其思想上的局限。但是，人有私心，就会造成家庭不和，这一点是很正确的。家庭的和谐是需要家庭成员共同维护的，如果在家庭生活中讲谁吃亏了谁占

便宜了，这个家庭便会纷争不断。这一点，对于现代的小夫妻组成家庭后的生活也是有指导意义的。现在也有与父母、兄弟或朋友临时住在一起的，那么其中的道理就更值得注意了。

> 我今日告祝诸子媳妇：第一要断绝此一点恶念头，不可分此疆彼界。一应器物，大家用，大家收拾爱惜。有僮婢，大家使唤，大家教训照管。饮食，大家分尝，大家收藏出客。凡货财、产业，一进一出，必禀命于尊长，不得擅自主张。若有欺父母、瞒公婆，私藏器物，私造饮食，私护僮婢，私置田产，私放花利，私自借债做会①等，此是第一不孝，查出即行重责离逐。
>
> 大凡妯娌不睦，必有小人从中搬斗是非。其所以搬斗者，皆因此疆彼界，各房人各要献媚于家主，说别房不好，以见其忠。家主反道他护家，曲为庇护，以致不解。今大家不分尔我，便永无此弊。或有言语可疑，便当告之尊长，登时对会明白，不可存留胸中，此辈自无所容其奸②矣。

| 今译 |

/

今天，我告诫诸位儿子和儿媳妇：第一要紧的就是要断绝这一点恶念头，（在大家庭里）不可过于明确区分彼此界限。所有物品，大家一起用，大家一起收拾共同爱惜。有童仆奴婢，大家一起使唤，大家一起教导管理。饮食，大家共同品尝，大家共同收藏或拿出招待客人。所有货物钱财及产业收入支出，一定要先禀告给家中尊长，不能擅自做主。若是有欺瞒父母、公婆，私藏用具，私做饮食，私蓄仆从，私置田产，私放高利贷，私募借债等等行为的，这是最大的不孝，一经查出就要重罚逐出家门。

大抵姒娌间不和睦，必定是有小人在中间搬弄是非。之所以会搬弄是非，都是因为划分了彼此的界限，各房人各自要向家主献媚，说其他房不好，来表现自己的忠心。家主反而认为他是护家，想法包庇他，最后导致矛盾无法化解。如果大家不分你我，便再也没有这种弊端了。若有人言语可疑，就应当告诉长辈，立即当面对质明白，不能藏在心里，这些人就不能搬弄是非了。

| **简注** |

① 做会：通俗说法称标会，在法律上则为合会，是民间一种小额信用贷款的形态，具有赚取利息与筹措资金的功能。

② 容其奸：《吕晚村先生文集》版（以下简称《文集》）改作"容其间"。

| **实践要点** |

此处强调维护大家庭和睦的两个要点：第一，不可存私心杂念，第二避免小人从中搬弄是非。家中长者有更多的生活经验，由长者做决定是一个较好的选

择。所谓没有规矩不成方圆，对违反者的惩罚也是很重要的，这一点是我们应该学习的，小惩大诫很有必要。这类规则，对于现代人如何过集体生活，仍有参考价值。

> 一曰勤俭。每日虽无大事，必要早起晏眠。家长早起晏眠，卑幼谁敢贪懒？上人早起晏眠，下人谁敢贪懒？早起晏眠，一日抵两日。吾目中所见败家子、破落户，无不晏起早眠者，不可不戒也。至于勤而不俭，虽有亦立尽。子孙繁多，衣食艰难，今当事事节缩，如食不必兼味，衣用绸布，勿好绫罗绣缎及金珠无益之物。

┃ 今译 ┃

一为勤俭。每天虽然没有什么大事，但一定要早起晚睡。家长早起晚睡，小孩谁还敢懒惰？尊贵的人早起晚睡，卑贱的下人谁还敢懒惰？早起晚睡，一天能抵两天。我所看到的败家子、破落户，没有一个不是晚起早睡的，这点不能不引以为戒。做到了勤劳却不节俭，即使富有也会很快败尽。（家中）子子孙孙人数繁多，解决吃饭穿衣的问题很难，现在应当事事节俭，比如吃的不必要有好几道菜，做衣服用的布，不要贪图绫罗绣缎和金银珠宝等对自身没有什么益处的物品。

早起晚睡，不仅关系到养生，更关系到一个人的精气神。胸怀大志者，不会放纵自己贪图安逸，都会对自己严格要求。若是在时间上放松，必定会蹉跎无所成。勤奋可以立业，但是还必须节俭。奢靡浪费，不仅耗费财物，而且还会消磨意志。勤俭节约是中华民族传承不衰的美德，无论何时都不能丢弃。

> 一曰去邪。凡听信邪说，则父子、兄弟、夫妇之间，必无恩情，必无礼义。师尼老佛，诱引唆斗，其害无穷。布施骗财，乃其小者也。今吾家子孙、妇女，不论老少，不许烧香念佛，不许吃观音、三官、准提、斗七①等斋；僧尼老佛，不许往来。凡一应冠昏丧祭②行礼，不许用僧道及阴阳，禁忌阿婆经，妄言祸福，则自然邪不胜正，和气致祥矣。其共听而勉守之。壬子除夕，耻斋老人书。

| 今译 |

一为去邪。一旦听信邪说，那么父子、兄弟、夫妇之间就必然没有了恩情，也必然没有了礼义廉耻。道士、尼姑、和尚之流，引诱教唆他人互斗，他们的害处是无穷的。通过布施骗人钱财，还只是最小的害处。从今起，我们家的子孙、妇女，不论老少，都不许烧香念佛，不许吃观音、三官、准提、斗七等斋饭，不许与道士、和尚、尼姑之类的人来往。凡是家中加冠、结婚、丧葬、祭祀等礼仪，均不许请僧、道以及阴阳法师，禁诵阿婆经，不可胡乱说什么是福是祸，如此则自然而然地邪气不会胜过正气，家庭就和气致祥了。

以上这些希望大家都能够听从并且勉励遵守。壬子除夕，耻斋老人书。

| 简注 |

① 观音、三官、准提、斗七：道家及佛家供奉的神仙、菩萨。

② 冠昏丧祭：冠，冠礼，古代的一种礼仪，男子二十岁举行冠礼，表示已经成人。昏，即婚，结婚。丧，丧葬。祭，祭祀。

| 实践要点 |

邪说害人，古今皆同。吕留良禁止家中人与和尚道士有来往，家中的各项典礼，也不像一般人家一样请佛道中人来作法，这点很有积极意义。即便是今人，也很难做到。这里，吕留良的意思主要还是不可偏听偏信，妄加揣测祸福，要培养自己内心的正气。

戊午一日示诸子

程子曰："人无父母，生日当倍悲痛，更安忍置酒张乐以为乐？若具庆者，可矣。"如是，故天下生日之可庆者不多有也。不多有而庆之也，乃宜。此终身不当庆之例也。沈文端①云："古者以八十为下寿，近世乃有庆七十者。"文端，万历间人，其言犹如此。然则世俗纵不能行程子之说，亦当俟七十以上乃可。夫谓之庆者，以其难得而得，故足庆也。使六十以下而庆焉，是以宜短命诅之也，非庆也。此六十以下不当庆之例也。然此皆泛论也。

程子说："人若是父母已过世，逢生日时应该更加悲痛，又怎么忍心布置酒席、演奏音乐来取乐呢？若是父母俱在而庆祝，是可以的。"如此，则天下过生日可以庆贺的也就不多了。因为不多有故而为之庆贺，才是适宜的。这就是终身不应当庆贺生日的说法。沈文端公说："古人认为八十岁是下等寿命，近代却有庆贺七十岁生日的。"沈文端公，是万历年间的人，他的话还是这样说的。那么，世人纵然不能按程子的话行事，也应当等到七十岁以上才可以庆生。而所谓的庆贺，是因为难得到但得到了，所以才要庆贺。假使不足六十岁就庆生，实际上是用短命来诅咒他，就不是庆贺了。这就是六十岁以前不应当庆生的说法。然而这些也都是泛泛之论。

▎ 简注 ▎

／

① 沈文端：沈鲤，归德府虞城县（今河南虞城）人，历任翰林院检讨、左赞善、吏部左侍郎、礼部尚书，并拜东阁大学士，加少保，进文渊阁，谥号文端。去世之后明神宗亲书谕祭文四篇，并赞其"乾坤正气，伊洛真儒"。

▎ 实践要点 ▎

／

据说，女人分娩时所遭受的疼痛，相当于二十根肋骨同时折断的疼痛，由此来说，一个人的出生日实则是其母亲的受难日。生儿容易养儿难，把一个嗷嗷待哺的孩童拉扯成人更是不易，所以才说，父母之恩，恩深似海；也因此才有乌鸦反哺、羔羊跪乳之说。吕留良还列举了古人认为不应当庆贺生日的说法：一是即便要庆贺，也是因为父母双全很稀少才去庆祝；二是古人认为八十以下都不算长寿，至少也要等到七十古稀之年再庆贺才恰当。

在吾今日，则更有所不可者，吾遗腹孤也。父丧四月而始生，堕地之日，即襁衰麻①。生母抱孤而泣，晕绝而甦，分②抚于三兄嫂。三岁而嫂亡，已而出嗣③。考、姒、祖母相继奄弃，十三岁本生母又卒，母年仅三十七耳。计自始生至十五岁，不脱衰绖④。见⑤他儿衣彩绣，曳朱履，如衮乌⑥之不易得。人世孤苦，无以加此。每一追忆，未尝不心伤涕溢也。平生不曾一会亲朋，奉觞拜二人寿，而身受子女族属姻戚交游之娱乐；母年不能及四十，而幸己之五十为荣，以父丧母哭之日，为置酒张乐之辰，其可乎不可？

| 今译 |

　　对于我来说，更有不可以庆贺生日的原因，因为我是遗腹子。我父亲去世四个月后我才出生，呱呱坠地的那天，就把丧服当作襁褓用了。我母亲抱着我哭泣，哭晕过去又苏醒过来，后来把我寄养在三兄嫂家。在我三岁时，我的三嫂就去世了，不久之后又把我过继了出去。我的继父、继母、祖母又相继弃我而去，十三岁时，生母也去世了，当时她年仅三十七岁。计算一下，从我出生到十五岁，就没有脱下过丧服。看到他人穿着彩色绣花衣服、红色鞋子，这些对于我来说就像是帝王诸公的礼服一样不容易得到。人生在世的孤苦，没有更甚于此的。每当回想这些，没有一次不伤心难过泪流不止的。平生从来没有邀请亲戚朋友，捧着

酒杯给父母二位大人祝寿,却享受子女家族姻亲朋友为我祝寿;母亲一生没能活过四十岁,我却把庆幸自己能活到五十岁当作一种荣耀,在父亲去世、母亲痛哭的日子里摆酒奏乐庆贺生辰,可不可以这样呢?

| 简注 |

① 襁:襁褓(qiǎng bǎo),背负婴儿用的宽带和包裹婴儿的被子,此处用为"当作襁褓"。衰麻(cuī má):丧服,衰衣麻绖。

②《文集》无"分"字。

③ 出嗣:过继给他人为子,此处指过继给他的堂伯父吕元启。

④ 不脱:《文集》作"未尝脱"。衰绖(cuī dié):丧服。古人丧服胸前当心处缀有长六寸、广四寸的麻布,名衰,因名此衣为衰;围在头上的散麻绳为首绖,缠在腰间的为腰绖。衰、绖两者是丧服的主要部分。

⑤ 见:《文集》作"视"。

⑥ 衮舄(gǔn xì):衮,衮服,古代帝王或三公穿的礼服。舄:指重木底鞋,是古时最尊贵的鞋,多为帝王大臣所穿。

| 实践要点 |

吕留良在此处叙述了自己悲苦的身世,说到自己的生日是父亲不在母亲痛哭的日子,为自己的出生而庆祝即为枉顾父丧母哭的悲苦,将置父母于何地?母亲

去世时年仅三十七岁，而自己庆祝自己活过了五十岁，这也是对母亲的大不敬。由此看来，此段说自己不适合庆生的理由，就是不能不顾父母。这点对现在的孩子大有教育意义。当今社会，独生子女家庭比较多，有些人养成了以自我为中心的坏习惯，完全不顾忌自己的父母亲朋，最终只会让父母心寒、厌弃。

或谓吾遭多难，厥宗几覆，今幸而为不食之果，斯可庆也。若是，则其不可也滋甚。人固有以生为重者，亦有重于生者。以生为重，吾几当死而不死，则自戌、亥以后，无日不宜庆也，何待五十？如其有重于生也，则偷息一日，一日之耻也。世有君子闻之曰："夫夫也，何为至今不死也？"则其僇^①严于斧钺，而^②又何庆之有？

| 今译 |

也许有人要说，我自幼多次遭逢危难，这一支脉几乎覆灭，现在侥幸成为幸存者，这也是值得庆贺的。假若如此，那么不能庆祝的原因也就更多了呀！人本来就有把生命看得最为重要的，也有把其他东西看得比生命更为重要的。如果把生命看得最为重要，我是几乎要死却最终又幸存下来，那么自庚戌、辛亥两年（指四十二三岁时）以来，没有一天是不可以庆祝的，何必要等到五十岁？如果说有些事比生命更为重要，那么丢弃了这些而苟活一天，实际上就多了一天的耻辱。

世上有君子听说之后肯定会说："这个男人，为什么到今天还没有死掉呢？"实际上这个罪责比刀斧加身更严重，又有什么值得庆贺的？

| 简注 |

/

① 僇：即戮，指罪责。
②《文集》无"而"字。

| 实践要点 |

/

作为吕氏家族的一员，吕留良遭逢的危难极多，然而他并不看重所谓的幸运，反而认为明王朝有恩于吕家，他却没有为明朝殉节，这是偷活，也是耻辱。此处可见其遗民情怀。人一定要有节操，这一点非常重要。

故为吾计，惟有闭门深匿，以木叶蔽身，以泥水乱迹，如世间未尝有我者，斯得耳！使以辱身苟活者为贤而庆之，将置夫生①不满三十、义不顾门户、断脰飞首以遂其志义者于何地也？此吾终身不当庆之义，又有异乎他人者。而六十以下之例，又其小而不必言者也。然此言不可告于亲朋，不得已援世俗避生之例。俗之避也以明谦，其下者以惜费。费吾素所不惜，谦亦无所谦，聊以释吾上下之痛而已。

所以若真是替我打算，只有关起门来躲避于家中，用树叶来遮蔽身子，用泥水来混淆踪迹，就像世间从来没有我这个人一样，方才是正道呀！假若把忍辱苟活的人当作贤者并为此而庆贺，那又把那位没活到三十岁、坚守道义而不顾家门、抛头颅洒热血而最终保全了道义的人置于何地？这就是我终身都不能庆贺生辰的理由，和别人又有所不同。至于说年龄不到六十就庆生是在诅咒自己短命的说法，实在是太轻微完全不必多说了。但是这些话不能告诉给亲戚朋友，不得已只能援用世上普通人不庆生辰的那些理由。世俗之人也有用不可庆生来表明自己谦虚的，其次又有因为怕花钱的。钱财我向来不会顾惜，谦虚也没有什么可谦虚的，只不过用来缓解我内心的痛苦罢了。

| 简注 |

① 生：《文集》作"年"。

| 实践要点 |

/

此处吕留良所说的比生命更为重要的，其实是指道义，而没有活到三十岁，因为道义而被杀害的就是指他的侄儿吕宣忠。吕宣忠因抗清而被杀害的那年才二十四岁。因为想着这件事情，故而吕留良不愿意庆贺自己的生日，但又不可以随便告知他人。吕留良告知其子这种道义，也就是一种民族气节的教育。

凡亲朋以寿盒祝仪来者，慎勿收①，虽以此得罪勿顾也。汝等见长者，但叩头辞谢，且禀白吾语云："良辰佳趣，村酒野花，奉诸先生杖履之欢，正复有日，岂必沾沾②此际，触其恶绪而益其愆尤③哉?"谅诸先生爱我且熟其硁硁④，必不怪也。

凡是亲朋好友送来祝寿礼物的，千万不能收，即使因此而得罪人也顾不得了。你们见到长辈前来，只要磕头辞谢，并且把我下面的那些话禀明："良辰佳趣，村酒野花，与诸位先生聚会优游，这样的日子还长着呢，又何必执着于什么生日，触发他的坏情绪还增加我的罪过呢?"想来诸位先生爱怜我并熟知我性格固执，一定不会怪罪的。

| 简注 |

① 收:《文集》作"受"。

② 沾沾: 执着; 拘执。

③ 愆 (qiān) 尤: 罪过。

④ 硁硁 (kēng kēng): 浅陋而固执的样子。

亲朋一片好意为自己祝寿，而自己又不能接受，以至拂逆了亲友的一番好意，那么又该怎样才能坚守本心而又让亲友不怪罪呢？吕留良给了自己的孩子指引。首先，要讲原则。不当庆生，即便因此得罪亲友也在所不惜。这也就告诫我们，做出了一项决定就要去坚持，不管遇到什么样的困难都不能退缩。其次，推辞有法。叩头辞谢，既有对来者的尊重，也有自己的坚决。禀白之语，则要道明缘由，宽慰来人，使来人不至尴尬。这就告诉我们，固守原则很重要，灵活处理也是必须的。

遗　令

不用巾①，亦不用幅巾②，但取皂帛裹头，作包巾状。
衣用布，或嫌俱用布太涩，内袄子用绸，一二件可也。
贴身不必用绵敛③，勿以我敛伯父法亦用之。小敛大
敛，敛衾④必须照式。

棺底俗用灰，则土侵肤矣。他物俱不妙，惟将生楮⑤
揉碎，实铺棺底寸余，然后下七星板⑥为佳。敛后棺中空
隙之处，以旧衣捱𡩋⑦为妙，然下身必不够，亦莫如成块
生楮，轻而且实。凡未敛以前，亲族送生楮，勿烧坏。

| 今译 |

/

不用佩巾，也不用束首帛布，只需要拿黑布包裹头部，做成头巾的样子。

寿衣用麻布，若是嫌衣服全用麻布过于粗糙，那就内袄用绸，做一两件就可以了。

贴身包裹时不需要用丝绵收殓，不要把我收殓你伯父的方法用在我身上。小
殓大殓，殓衾须按照旧时的样式。

棺材底部旧俗是铺上一层灰，但那样灰土会进入皮肤。其他的东西都不好，

只有将纸钱揉碎了，铺满棺底一寸左右，然后再放上七星板才是最好的。小殓后棺材中空余的地方，用旧衣服挨着棺材饰物是最妙的，但是对于下半身来说衣物肯定不够，也不如用成块的纸钱，分量轻并且结实。凡是没有大殓前，亲族中送来的纸钱，不要烧掉。

简注

① 巾：佩巾。

② 幅巾：古代男子以全幅细绢裹头的头巾。后裁出脚即称幞头。

③ 敛：即殓，把尸体装入棺材。

④ 小敛、大敛、敛衾：小敛，一种丧礼的仪式，即为死者加殓衣。大敛，把死者放入棺木里，加上棺盖的礼节。敛衾，死者不能停在正屋中，而要迁到下屋里，停放好尸体，脱去死者衣服，盖上特制的殓被。

⑤ 楮（chǔ）：纸的代称。

⑥ 七星板：旧时停尸床上及棺内放置的木板。上凿七孔，斜凿枧槽一道，使七孔相连，大殓时纳于棺内。

⑦ 捱翣（shà）：捱，同挨。翣，古代出殡时的棺饰。

实践要点

吕留良固守民族气节，故而在交代后事的时候，强调的是旧式，也即明朝汉族人的丧葬礼仪规范。另外，他还强调要薄葬，不可铺张浪费。

帖子^①上称呼，但称"不孝子"。盖世俗"孤""哀"^②分配之称，原属无理，且有行不通处。假如嫡母先亡，而有后母，乃丁父艰^③，则将如何？称"孤子"则伤嫡母，称"孤哀"则伤后母，此所谓乃不通者也。闻应士寅^④遗命，一概称"哀子"。渠所据《仪礼》，丧称"哀子哀孙"，入庙^⑤称"孝子孝孙"，然不知"哀子哀孙""孝子孝孙"皆祝史^⑥之词，非子孙自称之名也。古人居丧，岂有状帖^⑦与人通者哉？

| 今译 |

讣告上的称呼，只称"不孝子"。因为世俗所谓的"孤""哀"分开称呼，原本就是没有道理的，而且有行不通的地方。假如嫡母先去世，后母还在，遭逢父亲的丧事，那么将如何自称？自称"孤子"就伤害了嫡母，自称"孤哀"就伤害了后母，这就是所谓行不通的地方。听说应士寅先生留下遗命，一概自称"哀子"。他所根据的是《仪礼》，丧葬时儿孙自称"哀子哀孙"，进入祖庙时儿孙自称"孝子孝孙"，但是不知道"哀子哀孙""孝子孝孙"全都是祝史的用语，不是子孙自称的名字。古人守孝期间，怎么会拿着名帖与人往来呢？

① 帖子：讣告，死者亲属向亲友及有关方面报告丧事用的文书。

② 孤哀：旧时父丧称孤子，母丧称哀子，父母俱丧称孤哀子。

③ 丁父艰：丁父忧，遭逢父亲的丧事。

④ 应士寅：指清初的理学家应㧑谦，字嗣寅，号潜斋，浙江仁和（今属杭州）人。对礼学多有研究。于康熙二十二年去世，比吕留良稍早。

⑤ 入庙：放入祖庙。庙，供奉祖先的房屋。

⑥ 祝史：古代掌理祝祷礼仪的官员。

⑦ 状帖：名帖。

吕留良简化丧礼，并且讲述了自己对于丧礼的看法，认为子孙称孤子，或分开称哀子哀孙、孝子孝孙等等，其实都有行不通的地方，故而要求只称"不孝子"。此细节的讲究，可见吕留良的严谨学风。

> 故旧亲友有作祭奠者，力辞之，止受香烛。惟新亲翁势必难辞，须遣友致意，虽作祭来，断不受也。万不得已，领其准奠二两，多至四两。四两以上，回之不受。

客来吊者，止子孙亲人哭，不必令仆妇等代哭，且多妇人哭声，亦非礼也。

虽新亲远客、富贵之客，止用蔬菜，不用酒肉，以遗命告之可也（力作之人，不在此例）。

故交亲友有来祭奠的，极力推辞，只接受香烛。只有新结的亲家势必难以推辞，须使友人传达意思，即使是来祭奠，也断断不能接受。万不得已，可以接受他们祭奠礼金二两，最多四两。四两以上，就退回不再接受。

客人来吊唁的，只需子孙亲人痛哭，不必让仆妇等人来代哭，况且，太多妇女的哭声，也是不合礼节的。

即便是新结的亲家、远来的客人、大富大贵的客人，也只用蔬菜招待，不用酒肉，把我的遗命告诉他们就可以了（苦力劳作的人，不在这个规定里）。

吕留良对于亲疏远近不同的祭奠者，有着不同的安排，细致周到令人叹服。丧事一切从简，辞谢礼金，待客也只用蔬菜，而且从简的原因也要其子转告来客，这种态度是值得学习的。

一月即出殡①于识村祖父墓之西，壬山丙向，三月即葬，葬请万吉先生主其事。

一月先作主②，粉干，待葬时题主、虞祭③如礼，仍安几筵④。

年老大而无子，理当娶妾，但不许娶娼妓及土妓之属。

子孙虽贵显，不许于家中演戏。

停灵一个月就出殡，葬到识村你祖父墓地的西边，壬山丙向，三个月后埋葬，掩埋时请万吉先生来主持此事。

用一个月先做好牌位，并用粉干燥，等下葬时再题写牌位，按礼节进行虞祭，安排灵座。

若家中男子年纪很大了还没有儿子，按理应当娶妾，但不允许娶娼妓或者土妓之类的烟花女子。

子孙即便尊贵显赫，也不允许在家中请戏子演戏。

① 出殡：指移棺至墓葬地或殡仪馆舍。

② 主：即神主，旧时为过世之人所立的牌位。

③ 虞祭：一种古代的祭礼。在父母葬后，将其魂魄安于殡宫的仪式。

④ 几筵：此处指祭祀的席位或灵座。

| 实践要点 |

古人四十岁以上若无子，即允许纳妾，这是通例。娶妾不可娶烟花女子，并且不准戏子到家中，也是为了避免家人品德败坏，可见其要求之严格。

> 先君子终于癸亥八月十三日，遗命绝笔于十一日之晨，然中有数条，则自七月来已书之矣。男公忠泣血谨记。①

| 今译 |

父亲逝于癸亥年八月十三日，遗命绝笔在十一日早上，但是其中有几条，却是从七月以来就写好的。儿男公忠泣血谨记。

| 简注 |

① 此为吕留良之子吕葆中（公忠）的补记。

卷
二

谕大火帖（二十四）

一

　　我十六日由德清入省，隔二日即会黄二伯①，方知姨夫②归念坚决，断不可复留之意。吾平生徇友为人，自一身以外，无所不可。然每不见德而见怨，类如此。此命也，弗复言。但我为廉远，口虽不言，半年以来为渠③明岁谋，曲折辛苦，即汝曹亦所不知。就是明年万先生之请，亦为姨夫居多。今事机甫就，而变端忽起，为谗谮④者所快。半年经营，赤心付之冰雪，此可叹恨耳。

| 今译 |

　　我十六日从德清县进入省城，隔了两天见到黄二伯，才知道你姨夫归去的念头十分坚决，断无再留下的意思。我生平顺从朋友、为他人谋，除了自身之外，其他都可以赠送。但是，却常常不见有感恩而只见有抱怨，就像这次一样。这

大概也是命该如此，不再说了。但是我为了廉远，嘴上虽没有说过什么，半年以来为他的明年而筹谋，个中的曲折与辛苦，就是你们也不全了解。就算是明年万先生的邀请，也大半是为了姨夫。现在事情刚刚有了眉目，就忽然生出了新的事端，令恶言中伤者称心遂意。半年来的经营，一片赤诚之心尽付于冰雪，真是可叹可恨呀。

| 简注 |

/

① 黄二伯：即黄宗炎，字晦木，学者称鹧鸪先生。黄尊素次子，黄宗羲弟。

② 姨夫：即黄廉远，黄宗炎之子，与吕留良是连襟关系。

③ 渠：代词，他。

④ 谗谮（zèn）：恶言中伤。

| 实践要点 |

/

曾子曰："吾日三省吾身：为人谋而不忠乎？与朋友交而不信乎？传不习乎？"儒家每日反省自己的三件事，第一件就是为别人办事时有没有尽心竭力，第二件则是与朋友交往是否做到了诚实可信。吕留良为了给黄廉远找一个明年的教书机会，一番苦心，多方谋划，最后竟然全被辜负了。他虽在抱怨，但还是强调与人交往的原则：尽心歇力，以诚相待。

吾今年冬底将构室数椽，为汝曹读书之所，思于后楼五间内出二间与姨夫寓居，为降娄与侄孙辈书堂。前后两馆，互为讲习，将来局面必有进于此者。此吾为人之痴想也，而今已矣。吾为姨夫委曲经营，不知姨夫已早托人觅馆于杭州。吾此一番周折，岂不扯淡可笑耶！今行计已决，不必再言。古人云："善终者如始。"宁人负我，毋我负人。况黄二伯为吾性命之友，以笃诚待我，虽此时为人所惑，行当自知，亦不必辨也。

今译

今年冬末，我将建几间房子，作为你们读书的地方。本想在后楼五间中腾出两间给姨夫居住，作为降娄和侄孙辈们的书堂。这样前后两座书馆，作为大家互相讲习的地方，将来的局面必定会比现在更好。这是我替别人打算的痴心所想，现在都化为空了。我替姨父委曲筹划，却不知他早就托人在杭州寻觅书馆了。我这一番辛苦折腾，岂不是胡扯、可笑！现在他去意已决，也就不必再多说了。古人说："善终者如始。"宁可别人辜负我，不可我辜负别人。何况，黄二伯是我以性命相交的好友，极尽忠诚地待我，虽然现在一时被人迷惑，以后自会明白，也不必多加分辨了。

"宁人负我，毋我负人。"古往今来，此语说者众，而践行者寡。"狗咬吕洞宾，不识好人心。"即便如大学者吕留良，一片好心被人辜负也是满腹的辛酸委屈，何况是常人。生活中遇到类似的情况，胸中有郁结不平之气该怎么办？吕留良告诉我们，"善终者如始"，固守初心，宁可被辜负，也不可因意气而做过分的事情。清者自清，浊者自浊，事情终有真相大白之时，保持自己博大的胸襟才是根本。

我意欲赶归，为渠料理行事，而此间又不能脱身，故特以字嘱汝。汝母性隘，恐闻其相负之状，心不能平，汝可善言慰之。凡事从厚，以全终始之谊。下半年脩金①已送过一两九钱，尚少一两一钱；又节仪②四钱；又老子在渠处四个月，已付过渠饭米银一两，尚少二钱；又夏间黄二伯往苏，吾曾借渠一两送之，许渠算还，尚未付与。以上数项，分文不可缺少，汝可一一封开，说明送之，外可送程仪③二两。若银子无从设处，可将我收票，要在公到沈家支屋价用之，万万弗误。问母亲有绸绵衣饰等物，可送者送些，以尽姊妹之义。临行时须设酒为饯。又"红云端砚"系黄二伯赠我者，汝可洗净，连紫檀匣送与姨夫，云："姨夫行促，家父不能备物，此砚系君家故物，转以相赠，幸善藏，以成一段佳话。"

我本打算赶回去，为他处理他要离开的事，但这里又脱不开身，所以特意写信嘱咐你。你母亲生性气量小，怕她听说了姨父如此辜负的状况之后，心里会不能平静，你要好言宽慰她。凡事都要厚道，从而成全有始有终的情谊。下半年的薪金已经付过一两九钱，还少一两一钱；另有过节的礼金四钱；还有我在他那里住过四个月，已经付给他饭钱一两，还差二钱；再有夏天的时候，黄二伯去苏州，我向他借过一两银子给黄二伯送行，答应以后一并算好还给他，这个也还没有给他。以上几项，一分一文都不能少，你一一分别封好，说明白了再送给他，此外可另送路费二两。假若需要的银子一时之间没法解决，可以拿我收的票据，让在公到沈家支取屋子租金先用着，千万不能耽误了。问问你娘可有绸布棉布衣服或者首饰等物件，能送的也送些，以保全她们姊妹间的情义。临行时要摆酒为他饯行。另外，红云端砚是你黄二伯赠送给我的，你可以清洗干净，连同紫檀匣子一起送给姨夫，就说："姨夫前行仓促，我父亲来不及准备其他东西，这块砚本是你家的旧物，现在转送给您，请您妥善珍藏，从而成就一段佳话。"

① 脩金：束脩，送给先生的薪金。
② 节仪：节日时的礼金或礼物。

③ 程仪：送给出门人的路费或礼物。

| 实践要点 |

吕留良告诫儿子，"凡事从厚，以全终始之谊"，要他儿子妥善对待其姨父即将离开一事，所谓善始善终。从各项金钱用度，到饯行酒席，以及保全姊妹情义等等，事无巨细而不厌其烦，如此教育子女实在难得，一来可让子女学会待人处事，一来又能培养其精神品格。其中提及金钱之事，若有多项用度，则必须一文不缺，也必须分别封装，万不可含糊，以免将来误会。这也值得现代人学习，交友之道，最难的是金钱往来。

以上诸事，汝须一一遵行，不可违错一件。盖谗人得计，姨夫行后，必且大入吾罪。黄二伯德性诚明，见识高远，形迹之间，可不必简点。廉远性庸识小，此等处必不能免。吾所以细细详慎者，非以自解，实欲使异日自省，无纤毫愧怍而已。此是汝第一次任事，成父志，历世务，俱于此觇汝，汝慎毋忽。我于廿五六日必归矣。内房①中长漆匣内有裁成手卷宣德纸一卷，可即封寄上来。字到，即着恂②到黄九烟③先生家中，寄一口信，云："在此平安，寓在法云庵中，不日即归也。"父字付公儿。

是帖为公忠承命之始，盖壬寅岁也。④

今译

以上诸多事项，你要一一照办，不能违背、错失一件。因为小人谗言得逞，你姨夫走后，必定会夸大我的罪过。黄二伯秉性真诚光明，见识高迈深远，与他交往时不用太过谨小慎微。廉远秉性平庸、见识短浅，这些细节方面一定不能省去。我之所以如此细致详备地叮嘱你，不是为了自我宽解，实在是为了以后自我反省之时，不会有一丝一毫的惭愧罢了。这是你第一次主事，完成父亲的心志，历练处世实务，全从这件事情上考察你，你一定要谨慎而不可疏忽。我在二十五六日时一定会回去。卧室里那个长方形上了漆的匣子里有裁成手卷的宣德纸一卷，可以封好给我寄来。收到信后，就让恂到黄九烟先生家中，寄上一口信，就说："在这里很平安，现寄居在法云庵中，过几天就回去了。"父手书，寄公忠儿。

这封信是公忠替父亲做事的开始，大概是在壬寅年。

简注

① 内房：里间，多指卧室。

② 恂（xún）：根据下文，当是为吕家送信件的仆人，当名"吕恂"。

③ 黄九烟：黄周星，字景虞，号九烟，上元（今江苏南京）人。少时育于湖南湘潭周氏，后恢复黄姓。崇祯十三年进士，授户部主事。明亡后隐居于江浙一带，著述浩繁，涉及诗文、小说、戏曲等，曾为吕留良画像。

④　此为吕留良之子吕葆中（公忠）的补记。吕葆中乳名"大火"，大火为十二星次之一，所对应的日期为农历十月初八至十一月初八，吕葆中当出生于这个期间。

｜ 实践要点 ｜

／

　　吕留良告诫儿子说黄宗炎和黄廉远父子性格的不同，对黄宗炎可以不拘小节，因为他生性豁达，但对黄廉远则要仔细一点。可见处理不同的人与事，要根据不同情况而有不同对待。注意到对方的性格也很是必要的。

二

　　恂来，得汝字，处事得当，殊慰吾念。吾此间已无他事，急欲归家。所迟迟者，以高五伯往海昌，待其归，须初二三方能到县也。漕赠①等项，乘鹤禀云甚急，可令其预支间壁王家屋租或衖内房租应用，切不可借米银。将来米决贵，不可轻用也。廿八日父字，付公儿。

｜ 今译 ｜

／

　　恂来了，收到你的回信，事情处理得很妥当，让我的心特别宽慰。我在这边已经没有什么其他事了，迫切想要回家。之所以迟迟未归，是因为高五伯去了海昌，在等他回来，他必须初二、初三才能回到县里。漕赠等各项，乘鹤禀告说很紧急，可以让他先预支隔壁王家屋的租金或者巷内房子的租金来应急，千万不能挪用买米的钱。将来米肯定会涨价的，不能轻易挪用。二十八日父手书，寄公忠儿。

| 简注 |

/

① 漕赠：亦称"漕截"。旧时指于征收漕粮正税外加收的赠贴。

| 实践要点 |

/

手头困难时，我们常常需要筹措资金来应急。在当今社会，有许多便捷的借钱途径，这就极大地刺激着现代人的消费欲望。借钱容易还钱难，一旦还款数额超过我们的能力，就会有各种后续影响。吕家也会出现一时手头资金周转不来的情况，吕留良告诫儿子什么可以暂时挪用，什么样的钱不能挪用。我们日常消费时，也要有前瞻性，不能让事态的发展超出我们的可控范围。

三

魏宅郎君已愈，而乃翁又病滞下，留我调治。当有数日耽阁，故先遣云归。今年田须履亩分别高下，以便冬间取租。此事只在此数日内要行，迟则有刈获者，无从分别矣。汝弟兄计议，同帐上分往一看，计二三日可了。或寿或祺，分带同看可也。此间偶见一钱刀^①，其制甚精，借付汝看，看过即付云持来还之，系魏宅令魏堂物，不可得也。初二日付大火。

魏家公子已经痊愈，但他父亲又得了痢疾，留我给他调理医治。这恐怕会有几天的耽搁，所以让云先回去。今年田地要按亩区分好坏，以便于冬天收租。这件事在这几天就要进行，晚了有人收割，就没办法再判断好坏做出区别了。你们弟兄商量着做，按账上记的分开去看，大概两三天就可以完成了。或是寿，或是祺，分别带着他们一同去看就可以了。在这里偶然见到一枚刀型古钱，制作很精良，借过来寄给你看看，看好了就给云让他带来归还，这是魏家令魏堂的藏品，不可多得。初二日寄大火。

| 实践要点 |

下一年的租金高低，需要区分田地好坏，故而必须在稻子收割之前请人去查看。吕留良将此事的关节点告知其子，以免耽搁。由此可知，指导子女做事，应当告知其做，以及为什么要如此做，才能真正培养人才。

四

姑娘①已于昨夜夜分②逝矣。死丧之惨，未有如此者。且家贫彻骨，百无一有，尤可悲痛。吾为料理棺敛之事，所携金已尽，家中绝无。大儿可为我致吴自牧③先生，暂移数金来备用，不用即还原物也。字到即备饭盒三牲④，汝辈只一人来，亦可问二房四房，有船明早附之，无则另叫一小船。此处廿三盖棺。不可多带人，舟中饮食自备。廿一日辰刻。

| 今译 |

/

姑娘已经在昨夜夜半时分去世了。死亡的惨状，从来没有像这样惨。况且，家里贫穷极了，百样无一样有，这尤其让人觉得悲痛。我替她料理收敛事宜，所带的钱都已花完，家里也没有钱了。大儿子你可以替我向吴自牧先生去一封信，暂时借来一些钱备用，若是用不到就立刻原物归还。书信收到就准备好饭盒三牲，你们只要来一个就够了，也可以去问问二房和四房是否要来人，有船的话明天早上随船前来，没有船就另外叫一艘小船。这里二十三日盖棺。不可多带人，船中吃的、喝的自己要准备好。二十一日辰时。

① 姑娘：吕留良的姐姐。

② 夜分：半夜时分。

③ 吴自牧：吴尔尧，吴之振之侄，曾参编《宋诗钞》等。其五女嫁吕留良七子吕立中（又名纳忠，字无倦）。

④ 饭盒三牲：吊唁时带的礼品。

| 实践要点 |

家中要有钱备用，故而当借则借，当还就还，这一原则也是值得学习的。

五

此间病毫不得手，而主人见留甚切，不得已先遣舟归。然吾亦不能久停，月内必还矣。思朱甥北行甚迫，不知决于何时？若出月，则且待吾返，不必言；如在月内，汝可持吾字向吴五叔处移十金，并吾致姑夫书送之。若五叔处适无有，或卖米，或当物，曲计得当。亲戚中如朱姑夫在所不同，今落困苦中，不可不用吾情也。但多则量力不能，亦义不可过耳。

这边病人的病我束手无策，但主人殷切地挽留，不得已只能让船先回去。但我也不能停留太久，这个月内肯定会回去。想来朱家外甥急着北上，不知道出行日期定在哪一天？若是下个月，就暂且等我回来，不用多说什么了；如果在这个月内，你可以拿着我的信向吴五叔（吴之振）处借十两银子，再把我写给姑父的信一并交给他。假若吴五叔处恰好也没钱，那就或者卖点米，或者典当点东西，要想方设法处置得当。亲戚之中，朱姑父与别人不一样，如今他家处在困苦之中，我不能不费心。不过再多就力有不逮了，从道义上讲也不可过头。

实践要点

能对落难的亲友施以援手，所谓雪中送炭是最为可贵的。即使自己不在家，吕留良也特意关照如何来接济外甥一家。他还指出，对他人的帮助需要注意两点：一是力所能及，量力而行；一是适可而止，不可超过道义之助，如帮助过了头，对于他人来说也是一种负担。把这些做人做事的原则，借机告知孩子，也是很有必要的。

庄中东边屋瓦须急盖落。新做桌凳可令漆工往油之，只用熟清油，不可着脚有颜色。发来批文①廿首，舟中所定，即付爕公②写对付刻。吾适归不必说，迟则续有从新墅行船寄达也。廿二日字，付大火。

庄子东边的屋子要赶快上瓦。新做好的桌子、凳子可以让油漆工去油漆了，油漆时只能用熟清油，不能让桌椅脚有颜色。发给你的批文二十首，是在船上时选定的，拿给燮公誊写、校对、交付刻印。我能按时回去就不多说什么了，若是推迟了就陆续会有人从新墅来回的船只捎回音信。二十二日手书，寄大火。

| 简注 |

① 批文：即吕留良所作的八股文评选。

② 燮（xiè）公：为吕留良家的天盖楼书局誊写书稿的人。

六

> 虽甚忙，不得废文字。吾于此验其进退，勿违也。即读，亦不可废。

| 今译 |

即使非常忙碌，也不能荒废了写文章。我要从你的文章中检验你学业是进步了还是退步了，不可违背我的意思。还有读书，也不能停下来。

学习如逆水行舟，不进则退。此处吕留良告诫儿子，不管有多忙碌，都不能荒废了学习。

七

请题作文，则能勤其业矣，吾所喜也。题二纸，大小杂拟，可从中酌取为之。荆川①二刀付去宝忠，须督。今业文有进步，并一变其玩戾之气，乃为不负。洒扫、应对、进退间，无一时一事可观，那得长进？教法须从此处着力也。十九日字，与大火。

今译

请求命题作文，就能使人勤于学业，这是我所喜欢的。这两张纸中，杂拟的大小题目，可以从中酌情选取写作。两刀荆川先生的文章（当是经吕留良评点的唐顺之所作八股文）交付给宝忠，还必须多加督促。现在写的文章大有进步，还当一并改了以前顽劣乖戾的脾气，才算是不辜负。洒扫、应对、进退之间，若无一时一事值得称赞，如何能够长进？教养之法必须从这一点上着力。十九日亲笔，给大火。

① 荆川：唐顺之，字应德，号荆川，武进（今属江苏常州）人。曾任兵部主事、右佥都御史等。明代著名散文家，吕留良对其评价较高。

| 实践要点 |

／

命题作文促使学业进步，也是一个重要方法。命题实质上是一种反向思维，被动地展示知识点的掌握情况，加深对知识点的理解。让长子督促弟弟学习荆川文集，一来是因为人本来都有惰性，哥哥对弟弟的督促，可以帮助他精进学业，也可以加深兄弟感情；二来也是提醒自己刻苦自勉，以身作则。吕留良一再强调，洒扫、应对、进退，也即日常行为习惯的养成，待人处事的修养，比知识学习更为关键，这一点值得特别注意。

八

刘利三归，有一信，定已到。吾大约十六动身，十七至家也。余姚黄先生在此晤过，闻晦老①同大孤在邑，今接其字，乃为募缘②见我，亦大可笑。此事我平生所深恶，岂肯为之乎？勿理可也。十四日字。

刘利三回来，带有一封信，应已收到。我大概十六日动身，十七日到家。余姚的黄先生在这里和我有过会晤，听说晦木老先生同大孤和尚在县里，现在接到他的信，却是为了化缘而来见我，也真是太可笑了。这是我生平深恶痛绝的，怎么肯做这种事呢？不用搭理他就行了。十四日亲笔。

| 简注 |

① 晦老：指黄宗炎，字晦木。

② 募缘：化缘，向人募化，使结善缘。

| 实践要点 |

吕留良在《壬子除夕谕》中就告诫家人要远离僧尼道士，认为他们妄言祸福，又擅长搬弄是非。这里，有和尚来找他化缘，他觉得非常可笑，让儿子不用理会。这也是告诉我们，遇到不喜欢的事，没必要太计较，不理会就行了。

吾归期大都在月尽。山中甚适，但记念伯父事，不
知如何？时悬悬耳。先生来会过，约廿日前到馆，到
即至庄。庄中供给日用，悉听先生为政，其修理墙屋
诸事，亦惟先生命。着寿解工匠备物料可也。治地种
作，事事宜留心，督令做生活，时时请教先生。但
不可令此曹知本之先生，恐愚人私憾也。十三日辰
刻字。

| 今译 |

我回去的日期大概在月底。山中很舒适，只是记挂着你伯父的事，不知道
现在怎么样了？心里时常挂念。先生（张履祥）已来与我相见，约定在二十日前
到学馆，到家后就直接到庄上。庄上的日常供给，全凭先生做主，那些修整墙
面房屋等事情，也都听先生的。派寿带领工匠准备好材料就可以了。整治田地种
植作物，事事都要留心，督促命令安排日常生活，都要时时向先生请教。但不
能让那些下人知道这些主意都出自先生，担心愚蠢的人会心生怨恨。十三日辰时
亲笔。

因为张履祥既是吕家的私塾先生，又是农学家，故而吕留良在南阳东庄的日常事务，乃至是修墙建屋、田地种植等事，都要其子听张履祥的安排，并经常向其请教。但是不必让别人都知道这些安排出自外人，以免有人心生怨恨，也是对出主意的友人的保护。

十

视汝所阅文，甚有进，可喜。第小评更须着意，又须脱时派。付来上冬^①选文一卷，加意参之。

| 今译 |

我看到你评阅的文章，大有进步，非常可喜。但是文章边上的小段评语更加需要留心，也要脱离时下的文章评选做派。寄来我在初冬评选的文章一卷，要留意参究。

| 简注 |

① 上冬：初冬。

吕留良让其子学习如何评选时文，在肯定孩子的同时，也提出要求，并且提供参照的范例，这种教育方法值得注意。

十一

> 邻里吾向必亲答，以存敦睦之意。汝辈辄骄肆，此意甚薄，大非吾所望也。乡中酒菜已尽，可料理来。酒不妨多载数埕[①]，省得临渴掘井。

| 今译 |

邻里之间我向来都是必定亲自答谢，以保持敦厚和睦的情谊。你们小辈却骄狂放肆，邻里意识非常淡薄，这不是我所希望的。乡里的酒菜都已用完，可以再料理起来。酒水不妨多运来几瓮，省得临渴掘井，到用时才想到要准备。

| 简注 |

① 埕 (chéng)：酒瓮。

实践要点

远亲不如近邻，和睦的邻里关系是需要用心维护的。吕留良告诫晚辈，与邻居相处，不能太狂妄放肆。还强调提前预备酒水之类，以备不时之需。机遇偏爱有准备的人，事情来临之时方才不会手忙脚乱。

十二

> 我月初将有金陵之行，此间需样子①甚急，汝可用心为我选拟，亦省我许多气力。霜武处读本，并照渠所许样子，即得人取来为妙。付大火。

今译

月初我将前往金陵，这里需要的图书样品很急，你可以用心替我选择拟订，也能省下我许多力气。霜武处的读本，就按照他所说的样子，马上要人去取来才好。交付大火。

简注

① 样子：因为吕家开有天盖楼书局，此处当指用作样品的图书。

　　至无锡，吊高汇旃①先生，即行。若主人坚留，停日许则可，不可久。以《遗书》《惭书》致施虹老。凡有友，即嘱访宋人文集及《知言集》稿子，不可忘。若见常熟陆湘灵名灿者，索其旧稿。无锡华氏有《虑得集》，便则求之。问顾修远家尚有书可访否？有《十二科程墨》朱卷未见者，亦要寻。在京吃用，若杨宅有客在彼过年，即与众位同打火；若无人，则自起火，不可扰杨宅。以刻苦淡泊为主。

　　一出门，即钉日用小簿，日日登记觉察。他日归时，我要查勘，勿忽。在京中不可阙读书、作文之功。有船归，即寄所作文字来。客路最多游戏、博弈之友，不可近也。至京，先具帖拜杨宅乔梓②，致书。次日，即往谒徐州来先生及子贯，致书。以次拜周雪客、龙客、园客、黄俞邰、赞玉、倪闇公，各致书。（徐宅邻有左仲牧文相，十竹斋主人胡静夫、周鹿峰、王安节、刘蔡先。问王元倬先生安好，须拜候之，其婿李子固，镇江人。吊杨商贤，问其遗稿。）不可高兴，终日出游。

　　丙辰年公忠初至金陵，临行，书此以嘱。③

　　到达无锡，吊唁高汇旃先生完毕，就立即起行。若是主人坚持挽留，停留一天左右也可以，不可过久。把《程朱遗书》《惭书》送给施虹老先生。凡是有友人来访，就嘱咐寻访宋人的文集以及《知言集》的稿子，不要忘记了。若是见到常熟的陆湘灵（名灿）的，就向他索要他的旧稿子。无锡华氏有《虑得集》，方便的话就去寻找。问问顾修远家里还有可以找到的书吗？有《十二科程墨》的朱卷还没有见到过的，也要寻找。在京（指南京）中的吃穿用度，假若杨家有客人在那里过年，就与他们一同搭伙；假如没有人，就自己起灶，不可打扰杨家。应将刻苦淡泊当作主要修养。

　　一旦出门，就要准备一个日常用的小本子，天天记录查看。等以后回来，我还要查看，不要懈怠。在京中不能缺少读书、作文的功课。有船回来，就把你写的文章寄回来。外边的客人，最多的就是喜好游戏赌博的狐朋狗友，不可亲近这类人。到京中，先准备帖子拜会杨家父子，送上书信。第二天，就去拜访徐州来先生和子贯，也送上书信。其次再去拜会周雪客、龙客、园客、黄俞邰、赞玉、倪闇公，各自奉上书信。（徐家相邻的有左仲牧，名文相，十竹斋主人胡静夫、周鹿峰、王安节、刘藜先。给王元倬先生问好，一定要去拜会问候他，他的女婿李子固，是镇江人。再去吊唁一下杨商贤，询问一下他的遗稿。）切不能任由自己的兴致，整日出去游玩。

　　丙辰年吕公忠第一次去金陵，临行前，写下这些来作为嘱咐。

① 高汇旃：高世泰，字汇旃，无锡人，高攀龙的侄儿。本篇提及的其他人物大多是吕留良当年寓居南京时交往的士人，如周雪客、黄俞邰则是藏书家，下文有介绍。

② 乔梓：即父子。乔木、梓木为两种高矮不同的树木，后用来比喻父子。

③ 此为吕留良之子吕葆中（公忠）的补记。

| 实践要点 |

/

　　吕留良的家庭教育，十分注意生活的点滴渗透。此信交代了第一次出远门所应当注意的种种细节，非常值得学习。比如，到他人家拜访，首先要考虑不给主人增加麻烦，不轻易留宿；即便盛情难却，也不要停留过久。行事要多从他人的角度出发，使自己的言行始终有礼有节。再如，要保持节俭的生活作风，不论在家在外，能省则省；自己日常消费要有记录，时常查看，主要是为了督促自己节制不浪费，因为刻苦淡泊本是一种修养。还有，一个人在外，不能懈怠，读书、写作一日都不能少。古人说："士大夫三日不读书，则义理不交于胸中，对镜觉面目可憎，向人亦语言无味。"说的就是读书对于提升修养的益处，也就是如今的终身学习理念，不能因为失去了监督就恣意随性。交友，更关系到一个人发展的方向，"近朱者赤，近墨者黑"，整日游戏赌博的人最多，万不可靠近。还要根据交往的深浅、疏密，带着礼物与书信前去拜会，在外工作生活，更要注意礼节周到。

十四

三次书信及银板、包帕、果物俱收得。自汝行后，无刻不挂念，见信，举家欢喜。家中自汝母以下皆安，吾亦颇适。《程墨》目下趱工^①，然须五月成书耳。书局有气色，甚慰。但闻主人去岁晚间不备，颇有疏失。汝性懒散，当加意提撕。凡早晚出入及客多谦集^②时，尤宜照管。知寻得旧文十余种，乐不可言，此难得之珍也。寄时须缄固，付的当人方可。起岸尤稳，不可草草。更多方购寻之《国表》《国门广业》^③，尤要。几社文，有友云有至六集者，恨未之见也。

| 今译 |

三次书信和银板、包帕、果物全都收到了。自从你走后，无时无刻不在挂念，见到你的来信，全家都很欢喜。家中自你母亲以下都身体安好，我也很好。《程墨》现在正在赶工，这样也必须等到五月份才能成书。书局的发展状况良好，我也觉得非常欣慰。但我听说主人去年夜里没有防备，出现多次疏忽。你生性懒散，应当特别注意。凡是早晚进出以及宴饮集会之时，尤其应当照管好。得知你找到了旧文集十多种，高兴得不知道说什么好，这是难得的珍宝啊! 寄书的时

候必须包好封好扎牢，托付给可靠的人才行。船只离岸时更加要稳，不能草率疏忽。还要多方寻找购买《国表》《国门广业》，尤其重要。几社的文集，有朋友说有出至第六集的，很遗憾还没有见到。

/

① 趱 (zǎn) 工：赶工。趱，赶，加快。

② 讌 (yàn) 集：宴饮集会。讌通宴。

③《国表》：复社在崇祯二年举行征文后刊印了《国表》初集，张溥等选刊，先后共刊行六集。《国门广业》：方以智、吴应箕等部分复社成员在崇祯三、六、九、十二年等大比之年组织了文社"国门广业社"，社集征文的选本即《国门广业》。《国表》与《国门广业》都是当时畅销的八股文选本，类似的还有下文提及的几社的选本《几社会义》等。

| **实践要点** |

/

与独自在外的孩子通信，更要热情表达思念之情，给孩子安慰。也要教导孩子如何做到谨慎、稳重，对于财物不可疏忽大意。至于交代如何寄送书籍，包封、捆扎、交付等细小环节必须万无一失，更是培养其处理事务的能力。人生无小事，小事成大事，做父母的不但自己必须细心处事，而且要交代孩子种种细节，在具体事务当中培养其能力。

此间除夕二鼓大雨，忽大电震霆者三，与霰雪交作，不知京中同否？老二房伯母于初二亥时逝去，亦不作佛事，但次日即大敛，未免与礼意相左耳。谢文侯为汝妇画遗像，形神极肖。空中悬揣得此，大是奇事。此后可永传不死，亦大足慰也。吾行期须在三月，但恐汝久客思家，则吾当早出，俟汝后信报我为定耳。适有船开，先寄此数字，余在卓人来总寄也。徐先生乔梓前，先致候谢之。行人促，不及作书，俟嗣便奉记。《会计录》所值不过二金，见《朱子语类》即收买，① 不嫌其重，友人须此者多也。十一日灯下字，付大火。

这边除夕夜里二鼓时分下了大雨，忽然间有三次电闪雷鸣，并与雪珠子交互大作，不知道京（南京）里是不是也这样子？老二房的伯母在初二亥时去世，也没有做佛事，但在第二天就收殓，却未免与礼仪的意思有点相悖了。谢文侯替你夫人画了遗像，容貌神情极为相像。凭空想象揣摩能画成这样，真是奇事。此后可以永远流传下去而不朽，也足以为慰了。我的行程日期定在三月份，但担心你长久客居在外思念家里，所以我应该会早点出发，等你以后的来信告知近况之后我再确定。恰逢有船启程，就先写到这里，其他的等卓人来了汇总以后再寄去。徐先生父子那边，要先去问候拜谢。起行的人在催促，来不及写信给他了，等以后方便了再写信。《会计录》的价值不过二两银子，见到《朱子语类》就立刻买下，不要怕贵，朋友中需要此书的还有很多。十一日灯下手书，寄大火。

①《会计录》：宋代的官厅会计报告，有关国家财政收支的著作。《朱子语类》：朱熹与门人问答的语录类编，是学习理学思想的重要著作。

| 实践要点 |

做父母的，总会时刻想着孩子，家中有风雪，便想着孩子那边是否也有风雪；又如担心孩子在外思念家里等等。这一类的情感，还是要多多交流，多多体会。

郑汝器①，吾欲乞书堂额三：一"南阳讲习堂"（正厅用者），一"明农草堂"（东厅用），一为"善读书"（将来后楼下用）。俱须方二尺许大。（暇时先与说，俟寄笔去再恳之。）

| 今译 |

郑汝器，我打算向他求三副做匾额的字：一写"南阳讲习堂"（是用在正厅

的），一写"明农草堂"（是用在东厅的），一写"善读书"（将来用在后楼的楼下）。都要写成两尺见方的大小。（闲暇时先和他说一下，等寄了笔去再正式悬求。）

┃ 简注 ┃

/

① 郑汝器：郑簠，字汝器，福建莆田人，清初书法家。

┃ 实践要点 ┃

/

此处可见吕留良交代做事步骤的细致入微。

十五

　　两次信都收得。刘仲明来，知汝近状，甚慰。家中大小皆安。廿二日吾在省，汝弟有信，又寄纸四十篓，曾到未？天下无足为之事，故亦无不足为之事，犹是向来苗头高语。读书作务，初非两件，只是当前必有一分内合做底事，随分求尽为难耳。若要为要止，凭心任气，无所不可，此便不是本天之道，不是圣贤主敬之心，不可不自察也。彼中阙人不得，且苦汝在彼。汝妇小祥①前，当令人来暂代耳。玉华印书，发银帐二本，并《补大题》三捆，共二百七十部付去，可收明。

四月、五月会题并到，不见前两会文，何也？众议汝文，每次月有南京船到而无文，即注罚。吾阅汝前次文，自以为高脱，而不觉其入于轻略，盖见理未到至处，不可强造巍界也，更须向沉着、痛快、精实、绚烂中求之。

《知言集》尚在搜罗，动手当在秋冬耳。《语孟说》已分抄，来月可寄还矣。《北盟会编》亦应收之书，但价太昂则不必，非不易得者也。四月初九日字，与大火。

| 今译 |

/

两次来信都已收到。刘仲明来了，从他那里知道了你的近况，很是欣慰。家中老小都平安。二十二日我在省里，你弟弟来信，又寄了四十篓纸，可曾收到？你说天下没有什么特别值得做的事，也没有什么特别不值得做的事，还是以前高调说话的老样子。读书与劳作，起初并非两件事，只是当前必定要有一件是分内应该做的事，随其本分而尽心尽力也是很难的。如果要做要不做，凭着心智和志气，没有什么是不可以的，然而这就不是本着天道，不是圣贤所说的主敬之心了，这一点不可不自己再去体察。你那里不能缺人，只能辛苦你在那里了。你妻子一周年祭前，应当让人来暂时替代你。玉华印书，发来两册账本，并《补大题》三捆，一共二百七十本，都寄去了，你可以查收清楚。

四月、五月的会题一起收到，没有看见你写的文章，为什么呢？大家都在议论你的文章，每次如果那个月里有南京来的船到达，却不见你的文章，就要注明一次罚惩。我看你上次的文章，自认为高绝超脱，却不知不觉流于轻薄粗略，大概是你对义理的认识还不够深刻，所以不可故作高深，而更需要向沉着、痛快、精实、绚烂等方面讲求。

《知言集》还在搜集文章过程中，着手编书则应当在秋冬时了。《语孟说》一书已分别找人抄了，下个月就可以寄回。《北盟会编》也是应收的书，但是价格太贵就不必买了，再说也不是不容易得到的书。四月初九日亲笔，给大火。

| 简注 |

① 小祥：一般称死者的周年祭。

| 实践要点 |

读书与劳作，两者往往被认为有冲突，吕留良就强调这其实是一回事，只是每个时间段要有一件作为分内之事尽力去做。就现代人而言，终身学习，也终身劳作谋生，但也会在一生的各个阶段各有侧重。至于作文，吕留良的要求是非常严格的。他与其子约定，如果这个月有从南京来的船，但没有收到一篇作文，就要注明一次惩罚。他还反对有意追求那些高深超脱的境界，因为这样往往会适

得其反而流于轻薄。所以从根本来说，必须要时常反省，提高思想理论的修养。

十六

　　计汝行至丹阳，道中当遇雨，不知雨大小如何，不至困苦否？廿许日无信至，甚念之。宁波潘友硕昨寄字，有文目，其中颇有欲得者。今复字索之，可即致与。渠书云，多有愿易吾选者，汝可请问须几种、几部，便斟酌发去。局中事事当觉察，阅历一番，心细一番，亦是学问长进处。事理无大小，只是此心做。自家见得此意，自不见俗事累我矣。

　　水笔灯檠①，有即寄来。文字有购得者，随早晚附寄。有茧绸，或紫花布，或牙色纱鞋，做二双来，我自着者。汝衣服履帽，欲用即用，不必拘俭约太过。即在外行止，亦听汝便宜，欲归即归，欲止且止。但归则须预闻我耳。此刻适为师鲁之郎病剧，在吴亲翁斋榻写此。诸友处不及作字，可致候，俟再书。印得者各种，陆续寄些，为刻局支用。只此。三月初九日灯下书，与大火。

估计你走到丹阳，路上会遇到下雨，不知道雨下得大小如何，不至于很困苦吧？二十多天没有信来，非常挂念。宁波的友人潘硕昨天来信，信中有书目，其中有些是非常想要得到的。现在再次去信索要，可以立即拿到。他信中说，有许多是愿意拿来交换我所评选的那些书的，你可以问问他需要几种、几部，然后就斟酌着将书发过去。书局中所有的事情都应当有所觉察，经历一番，就会心细一番，这也是增长学问的方法。任何事情道理不论大小，都要用心去做。自己能够领会其中的深意，自然就不会觉得被世俗之事所累了。

笔墨和灯架，如果有就寄过来。文章有新买到的，或早或晚附带着寄过来。有茧绸，或者紫花布、牙色纱鞋，做两双寄来，我自穿。衣服鞋帽，你要用就用，不必过于拘谨俭约。即便是在外的行程，也由你自己来决定，想回就回，想留就留。但是若要回来，务必提前告诉我一声。此时正逢师鲁的儿子病情加重，在吴亲家翁书房的床榻前匆忙写下这些。（南京的）各位好友那里来不及写信了，你代我致以问候，等下次再写信。各种书印好之后陆续寄些来，给书局支取使用。就写到这里吧。三月初九灯下亲笔，给大火。

① 檠（qíng）：灯架。

吕留良特别强调，无论是大事小事，都应当亲力亲为，虽然会辛苦一些，然而经历一番就能心细一番，这样才能提升学问与能力。等到融会贯通之后，就会样样都得心应手，不被世俗所累了。这种体会，也是必须在指导孩子的时候跟孩子讲清楚的，如此他们方能真心投入做事。

十七

十八、九连雨，甚念驴背之苦。廿九日得信，乃喜。宝忠疟若未愈，可买陈皮、半夏各一两，用神曲①打糊为丸，每服二三钱，淡姜汤下。局中生意不佳，想非其时，亦旧书行将阑耶？若气色不旺相，急宜出新书帮衬之。乙丙丁文样须尽收，选看以备用。在寓勿断作文字，此吾所惓惓②者。一概艰大费手题目，向来不曾经营者，可一一做去。宝忠工课，勿令间辍，其勉体此意。十月朔日字，与大火。

| 今译 |

十八、十九两日连续下雨，很挂念你出门在路上的辛苦。二十九日收到你的信，心中方才释然。宝忠的疟疾若是还没有痊愈，可以买陈皮、半夏各一两，用神曲打成糊做成药丸，每次服用两三钱的量，用淡姜汤送服。书局中生意不好，想必是因为不逢其时，也是因为那些旧书将要过时了吧？若是行情不好，急迫之下应该出版点新书来帮衬一下。乙、丙、丁的文样一定要全部收着，选看一下以作备用。在寓所不要停止写文章，这也是我念念不忘的事。所有的艰难、高大、难以下手的题目，以往不曾写过的，都可以一一去写。宝忠的工课，不要让他间断停止，要勉励他体会这个意思。十月朔日（初一）亲笔，给大火。

简注

① 神曲：中药名，辣蓼、青蒿、杏仁泥、赤小豆、鲜苍耳子加入面粉或麸皮后发酵而成的曲剂。

② 惓惓（quán）：恳切的样子。

实践要点

做父母的总是挂念着孩子，吕留良便常常将自己的挂念告知孩子，可见沟通情感非常重要。至于作文章，吕留良强调必须敢于做有难度的题目，也不管是否有人写过，都要敢于去尝试，知难而进才能提高。做文章如此，做事也同样如此，涉猎多了才能视野开阔，这也就是强调要有创造性、批判性的思维。人云亦云，拾人牙慧，终究无法有长远的发展。

十八

姚龙起行，一字、一绵被定到矣。《墨卷》十一月中乃得到京，《黄稿》①亦将于此时并行。《惭书》不印，意欲待《丽泽集》同行。《质亡集》则岁底可出矣。旧书气色不振，则乙卯以后文不得不继起。此事吾意属之汝，汝可留意，暇即阅选，吾为托作可也。《丽泽集》即将发刻。汝文大题甚少，可多构，勿置空言也。只此。十月十四日灯下字，与大火。

| 今译 |

姚龙出发前往，一封信、一床棉被一定是收到了吧。《墨卷》十一月中旬才能运到京里，《黄稿》也将在这个时候一并发行。《惭书》暂时不印，想等着与《丽泽集》一起发行。《质亡集》则要到年底才可以出来。旧书市场行情不好，那么乙卯年以后的八股文选本也就不得不继续做起来了。这件事我想让你负责，你可以留意一下，有时间就开始文章的阅读与选评，假托是我所作的就可以了。《丽泽集》即将开始发刻。你的文章大的论题比较少，可以多构思一些，但不要写空话。就写这些吧。十月十四日灯下亲笔，给大火。

①《黄稿》：当指《黄葵阳先生全稿》或《黄陶庵先生全稿》，这两种都是吕留良的八股时文评点本。黄洪宪，号葵阳，隆庆元年浙江乡试第一；黄淳耀，号陶庵，晚明诗文名家。

| 实践要点 |

吕留良家的天盖楼书局，面对南京的书局经营困境，不得不开印新的八股时文选本。为了接续家族事业，就让儿子尝试着做一做，假托是其本人手笔。这种让儿子代笔的情况在古代也是常见的，对于培养子弟来说也不失为一种好办法。吕留良同时也劝导儿子不要说空话，这就需要不断充实、不断尝试，见识卓远，方能写出思想深、立意新的好文章。

十九

三次信、物俱收。家中各安健，但念汝两人。十日前寄一字，不谓其人中止，此外无便可寄，知望眼亟亟也。日内为汝续娶事，已议德清蔡尧眉之女，即方虎之甥。闻其女颇贤能，遂有成订，行礼只在新春矣。埭头拜见，亦属斯时。京中花绉纱要两匹，一石青，一玄色；花绉绸两匹，一大红，一玄色。俱不必甚重，每匹长官尺二丈四尺足矣。但须两头有机头，不可用剪断者。

《程墨》目下方完，得两回，先令宙押出，余俟续寄。书竟不走，不知何故？闻有翻板之说，确否？《程墨》中欲删文字，方虎、孟举细阅过，止去龚、申二首云，此外可不必，不审雪客以为何如？不妨多商也。

三次来信和所寄的东西都收到了。家中老小都平安健康，只是挂念你们两个人。十日前寄过一封信，没想到带信的人中途停下，除此以外没有其他方便寄信的途径了，即便知道你急迫地盼望着家书。这几天忙着为你续娶的事情，已经商议定了德清蔡尧眉的女儿，也就是（徐）方虎的外甥女。听说这个女子很贤惠能干，所以才订下这门亲事，成婚大礼就定在新春之季。在埭头拜见礼，也定在那个时候。京中的花绉纱布要两匹，一匹石青色，一匹玄色；花绉绸布要两匹，一匹大红色，一匹玄色。全都不必太重，每匹长度在官尺的两丈四尺就足够了。但必须布匹的两头都有机头，不能使用剪断的。

《程墨》一书眼下刚刊印完成，得到了其中的两回，先让宙带出来，其余的等以后陆续再寄。上次那些书竟然不能大卖，不知什么缘故？听人说有翻版，确切吗?《程墨》中打算删掉的文字,(徐)方虎、(吴)孟举都仔细审阅过了,只删去龚、申的两首,此外可以不必再删,不知道(周)雪客认为怎样?不妨多商量一下。

"选文"及"丽泽"二说,汝言甚有理,已令其收拾文样,不妨备览也。宝忠有便,令之归;若渠意欲留,亦听之。汝两年在外,颇欲汝还,乃今年租米难讨,日内尚未及半,汝弟脱身不得,又须留汝在京。岁晚凄清,未免萦臆耳。布银收迟,较他人又甚。明是经纪欺书呆,此事终非吾辈所宜做也。施虹玉事处亦合义,但不知两边真契如何?恐勉强委曲,则将来未必无病端耳。朱家姑夫已归,亦可喜事。复公尚留彼,云须三年还也。

载臣携诸徒往玉树堂,坐两月许,甚适,明年决计聚徒其中。吴玉章、曹巨平皆有裹粮之兴,于此锻炼得一二人,亦不枉我一窝热血,未知究竟如何耳。与宝忠讲书,甚善,亦能领略否?许时不见汝两人寄文来,何也?诲忠近文颇有进,想亦汝所乐闻者。徐、周诸公处怕冷懒,作书致意可也。十一日灯下字,与大火。

"选文"及"丽泽"两种说法,你说得非常有道理,已经让他收拾整理文样了,不妨留着今后看。宝忠得便,就让他回来;若是他想要留下,也任他。你在外两年了,非常想让你回来,而且今年要收的租米比较难讨,到现在都还没收回一半,你弟弟那边脱不开身,又必须把你留在京(南京)中了。岁末到了,家中凄凉冷清,不免萦绕心中。布银收账晚,比其他人又更严重。明显是做生意的欺负我们书生老实,这些事终究不适合我们这些人去做。施虹玉的事处理得也算合乎道义,只是不知道双方的真实想法如何?恐怕双方勉强迁就,将来未必没有后患。朱家姑夫已经回来,这也是可喜之事。(朱)复公还留在那里,说要三年之后才回来。

(董)载臣带领着诸位弟子前往玉树堂,住了两个多月了,他们很适应那里,决定明年在那边聚集弟子。吴玉章、曹巨平都有自带粮食长期在那边学习的打算,由此若能锻炼出一两个人才,也不枉费我的一腔热血,还不知道最终究竟会如何呢!与宝忠讲书,这个很好,他也能领会吗?许久不见你们两个寄文章来,这是为什么?海忠最近的文章颇有长进,想来也是你愿意听到的消息。徐、周诸位处担心他们心生冷淡慵懒,写信致意一下也就可以了。十一日灯下亲笔,给大火。

吕留良在详细交代各种事项之外,在此信中也提到鼓励董载臣等人聚集弟子共同学习,鼓励吕葆中(公忠)给弟弟讲书,希望借此培养人才。孩子的自主学习能力，其实最需要家长的鼓励，当然也需要家长的提醒与检查。

二十

宝忠归，知汝岁暮孤另，举家念汝，无不黯然。昨橙斋得燕中信①，云荐举事近复纷纭，夜长梦多，恐将来有意外，奈何？吾意及事至则难为计，欲先期作披缁②出世之举，庶可侥免。汝在京，即今当为布其说，云我厌弃世纲，已决意入山为住静苦行僧，不复与世周旋矣。我且避迹妙山，待燕中为定再作商量耳。初一日灯下书付，余俟复信。与大火。

| 今译 |

/

宝忠回家了，知道你年底孤单，全家都很挂念你，无不黯然伤心。昨天，橙斋先生收到燕中（北京）的来信，说荐举之事近来又众说纷纭，夜长梦多，担心将来会有意外，怎么办？我估计等到事情落到头上就难以筹划了，打算先穿上僧衣做出一副出世的样子，大概可以侥幸脱身。你在南京，现在就应当替我传播这种说法，就说我厌弃了世俗纲常，已经决定拜入山门成为一个清静的苦行僧，不再与世人周旋。我暂且隐匿妙山，等到燕中（北京）的事情定下来再作商量吧。初一灯下写信寄给你，其余的事情等以后再回信。给大火。

① 橙斋：即吴之振，字孟举，号橙斋，曾与吕留良、吴尔尧一起选编《宋诗钞》。燕中：指北京，吕留良不承认清朝，故而称北京为"燕中"，而明朝的南京则依旧称之为"京"。

② 披缁（zī）：指出家修行。缁，缁衣，僧尼所服。

| 实践要点 |

作为一个遗民，吕留良是非常坚决的，故而先拒绝清朝的博学鸿儒荐举，后又拒绝山林隐逸之荐举，此信当是指后者。为了拒绝之举更为有效，吕留良不得不剃发披缁，并且住到了吴兴妙山的风雨庵。若有大事，不可等事到临头才有所行动，未雨绸缪也是必须的。

二一

闻郡中有社举，断断不可赴。虽世交挚友来拉，亦固谢之，即得罪勿顾也。盛奕云处《唐稿》^①即得抄来为快。嘉善曹次典云有《荆川全稿》，可往天宁寺问之。即录与盛目一纸，令其对，所无者抄寄为妙。廿一日字，付大火。

/

听说郡城（嘉兴）里有文人集社的活动，绝对不可以去参加。即便是世交挚友前来邀请，也要坚决推辞，就算得罪了他们也不要有所顾忌。盛奕云那里有《唐稿》，尽快抄来为好。嘉善曹次典说他那里有《荆川全稿》，可以前往天宁寺问问他。立刻抄录盛奕云家那部书的目录一张，让他核对一下，所缺的篇目抄并寄来为好。二十一日亲笔，交付大火。

| 简注 |

/

①《唐稿》：即唐顺之（号荆川）的文稿。吕留良要对其八股时文进行评选，故而嘱咐其子比较两家藏书的异同，以便完整抄录其文章。

| 实践要点 |

/

吕留良虽然在晚明之时参与并组织过文社活动，但是到了清初之后，便拒绝此类活动，并要求其子也不要参与，因为乱世之中的社团活动，往往只是名利、酒食的追逐，会败坏品性。对于社团活动，其实无论什么时候都应当保持理性，人员杂沓的社团或聚会，必须尽量避免牵涉其中。

二二

汝等何日到京？局中光景何似？书棍^①得有消息着落否？计将何法治之？急商定。清溪书牍，吾雅^②不喜请乞故人，以是欲行复止。若必须用，汝急作数行寄归，吾即遣人取来也。外衣一包，共六件；书箱一只，还俞郇^③。书因暑热，且无心绪简寻，俟后寄耳。六月望日字，与大火。

| **今译** |

你们什么时候到京（南京）？书局中情况怎么样？那些书棍有消息着落了吗？打算用什么方法整治？急需商定对策。清溪那边的书牍，我一向就不太喜欢请求老朋友帮忙，因此想去又停下来了。若是一定要选用，你就赶快写几行字寄回，我立刻派人去取来。一包外衣，共有六件；一只书箱，还给（黄）俞郇先生。书因为暑天热，还没有心情去挑选寻找，等以后再寄吧。六月之望日（十五日）亲笔，给大火。

| **简注** |

① 书棍：图书行业的恶棍、流氓。

② 雅：平日，向来。

③ 俞邰：黄虞稷，字俞邰，著名的藏书家，当时寓居南京。

｜ 实践要点 ｜

此时吕葆中一直在南京销售吕留良的时文评选之书。吕留良将书局经营交付给儿子吕葆中，于是除了一些细节的嘱咐，都让儿子做主。此次提及的书棍之事，也让儿子拿主意，其他的事情也是如此。做父母的，对孩子还得边收边放，慢慢培养孩子独立处事的能力。

二三

连得汝信及行李已收。闽事此间亦作此商量，无人去，事恐无益；欲去，则无其人，正费踌躇。若金陵已有文书，必须人去，则汝必须急归，盖家中编审事脱不得人。更思此番到闽者，与向时经纪不同。笔舌两项，汝弟皆非所长，直须汝自一往耳。此等处，亦须归面酌之，难以遂断。此月中再得百数十金，乃足了债，至少必再得百金，不知能有济否？

庄中东北角造观稼楼成，须柱联两对，烦郑公为一挥洒，并前所求山庵匾额，早寄，急欲凑建侯手刻也。只此。七月初八日字，与大火。

柱木细，字不可大；檐低，亦不宜长。若近日有能作楷与行者，亦求写之择用，庶不一式也。

寒风旭日鸡豚社，
翠浪黄云燕雀家。
畬①锄程积力，
刈②获策新功。

| 今译 |

连续收到你的来信，还有行李也已收到。闽地的事情，这期间也要做一些商量，如果不派人去，事情恐怕对我们不利；如果派人去，又没有合适的人选，目前正犹豫不定。假若金陵已经有了文书，必须派人前往，那么你一定要赶快回来，因为家里的编辑审稿等事情都不能没有人。再考虑这次前往闽地的人，和以往前去经理的又不一样。文字和口头表达两个方面，你弟弟都不擅长，还必须得由你亲自去一趟了。这些方方面面，也必须等你回来后当面斟酌一番，我也难以直接做出决断。这个月之中还需要再挣得一百几十两银子，才足够偿还债务，至少也必须再得一百两，不知道能否够用？

庄子里东北角的观稼楼建造好了，需要柱子上的对联两副，劳烦郑公（郑篗）

来题写，还有上次向他请求的山庵（妙山风雨庵）的匾额，早点寄来，着急想凑在一起让建侯亲手刻板。就写这些吧。七月初八亲笔，给大火。

柱子比较细，字不能太大；屋檐比较低，又不能太长。假如近日遇到能写楷书和行书的，也请他们写一副以备选择使用，不一定用同一种样式。

寒风旭日鸡豚社，

翠浪黄云燕雀家。

畲锄程积力，

刈获策新功。

| 简注 |

① 畲（shē）：用刀耕火种的方法种田。

② 刈（yì）：收割。

| 实践要点 |

去福建销售图书一事，吕留良想让吕葆中去，但也告知儿子回家后大家一起当面商量，可见其对孩子的尊重。交代请书法家写字，也交代得特别详细，还提及备选的方案。对孩子的这种培养方式，值得学习。

二四

一径南行，亲知皆有惋惜之言，儿得无微动于中乎！人生荣辱重轻，目前安足论，要当远付后贤耳。父为隐者，子为新贵，谁能不嗤鄙^①？父为志士，子承其志，其为荣重，又岂举人、进士之足语议也耶？儿勉矣。一路但见好书，遇才贤，勿轻放过，余无所嘱。五日字，与大火。

| 今译 |

/

你一个人往南而行，亲朋好友都说了些惋惜的话，你心里恐怕也有些微的感触吧！人生在世，荣辱轻重，眼下哪里说的准，应当留给后代的贤人来评价。父亲是隐士，儿子却是当朝新贵，谁能不嗤笑鄙视？父亲是志士，儿子继承父亲的志向，这是何等重大的荣耀，又哪里是获得举人、进士就可以与之相提并论的呢？儿子你好好勉励吧。一路上只要见到好的书籍，遇到贤能的人才，不要轻易放过，其他我没有什么嘱咐的了。五日亲笔，给大火。

| 简注 |

/

① 嗤（chī）鄙：讥笑轻视。

　　吕葆中此次奉命南行，前往福建销售天盖楼书局的图书。据文中意思，亲朋好友则惋惜其未能参加科举考试。吕葆中当是听了吕留良的话，终其一生科举仕途的念头都不强，直到吕留良去世多年以后，才在康熙三十五年（1696）参加乡试并中举，再过十年又高中进士，且为榜眼，后因故而并未做官。至于其参加清朝的科举，一方面有通过仕途展示才华的考量，另一方面也是为了保全吕氏家族的地位，而且也有"遗民不传代"的说法，故而也无可厚非。然而吕留良在此信中说的那些话，如"父为隐者，子为新贵，谁能不嗤鄙"等，可以看出其遗民精神的闪光之处。一个人有气节不容易，几代人都有气节则更不容易。此外，要求孩子凡是遇到好书、贤人都不可错过，这一点也值得做父母的重视。

卷
三

谕大火辟恶帖（七）

一

　　廿七晚已抵山，同行者钱、王①两先生。湖山好友，相对甚乐，惟恐此乐之不能久。家中诸事，汝宜努力料理，勿轻以扰我，则养志之道也。先生②到馆，若庄中未端正，且坐县间，俟稍修葺而往亦可。惟先生指挥行之。颜子乐③来，其礼数亦请问先生。

　　徐亲家欲于十八日迎凌先生④，应如何，亦质之先生。若到时我不在，汝宜代我往徐宅，通其宾主之情。恐凌先生有所可否处，不便即直致之于新主人也。其贽⑤谦之礼，与亲翁言，俱宜丰厚。挂像祭祀之事可已，但云俟我补行也。

　　打起精神，凡事留心，勿悠忽游戏，如我在家时。廿七日灯下，付大火与辟恶同看。

/

　　二十七日晚上，已经抵达山里，同行的有钱、王两位先生。与湖山好友相对，非常快乐，只是担心这种快乐不能长久。家里的各种事务，你应该努力料理妥当，不要轻易来打扰我，这也是培养志气的一种途径。先生到书馆里来，如果庄里尚未收拾停当，就暂时在县里的家中坐馆，等庄里稍加修葺之后再一起前往也可以。只要听从先生的指挥，照着去做就好了。颜子乐来，在礼数上应该如何才比较周到，也可以请问先生。

　　徐亲家想在十八日迎接凌先生，应该怎么做，也要询问先生。如果到了那时我还不在，你应当代替我前往徐家，要懂得如何处置宾客、主人之间的人情。恐怕凌先生也会指出一些或赞同或否定的地方，不方便的话，就直接将问题告知于新主人好了。其中的纳赘宴席的礼物，与亲家翁说，都应该丰厚。挂像、祭祀这些事可以先不用，只说等我回去再补上。

　　振作精神，什么事都要留心，不要闲散嬉戏，要像我在家之时一样。写于二十七日灯下，交付大火与辟恶一同看。

| 简注 |

/

　　① 钱、王：指何汝霖（原本姓钱）、王锡阐，这两位是吕留良晚年的好友。

　　② 先生：指张履祥。康熙八年开始张履祥到吕留良家坐馆，教授吕家子弟，一般是在崇德县城以东的南阳村东庄的讲习堂，偶尔也会在县城内的吕家。

③ 颜子乐：即颜鼎爵，字子乐，颜统之子，颜鼎受（孝嘉）之弟。颜统去世之后，张履祥曾坐馆于颜家，并为鼎爵取字"子乐"。撰有《颜子乐字说》。

④ 凌先生：凌克贞，字渝安，浙江乌程（今属湖州）人，是张履祥与吕留良共同的友人。

⑤ 贽（zhì）：给尊长的见面礼，此处指学生给老师的见面礼。

实践要点

培养孩子自立，首先要放心大胆地把事务交给他去做，即便是各种礼节上的应对，也要引导他们去实践，在做中学。让他们在参与的过程之中，逐渐明白事理，学会应对，从而懂得礼数，知情达理。当然，也要告知孩子，遇见问题应向什么人咨询等等，做父母的也要事无巨细，交代清楚。

二

自出门，日日顺风，三日半已抵镇江。为粮船挤塞，兀坐两日，乃得出江，于廿四日进城，寓杨瑞民家。一路平安适意。今日始发书至坊，北客尚未到，而坊人口角，看火色①颇佳云。去年秋冬，北客问《程墨》②不绝口，虽数千书来，亦早去矣。但有一说可虑者，云此间坊贾止许外路人来此卖书，不许在此间刷印。未知此说如何，且看光景作商量耳。

自从我出门后，每天都是顺风，三天半就已经抵达了镇江。因为粮船拥挤堵塞，坐等两天，才得以出江，并于二十四日进了城，住在杨瑞民家。一路上都平安顺心。今天才开始发书到书坊，北方的客人还没有来，而听书坊之人的口气，看起来这个时候来则恰到好处。去年秋冬之际，北方客人不停地打听《程墨》这本书，即使运来了数千本书，也早早就卖出去了。但是这里有一个说法值得注意，说是此地书坊的商人，只准许外来的人到这个地方卖书，却不允许在此地印刷。不知此说法是真是假，等看看情况再做商量吧。

① 火色：时机。

②《程墨》：程墨，本指科举考试考中者的试卷，可作为范例的文章。此处当指《十二科程墨观略》，吕留良评选并刊行的时文集子。

康熙十二年四月，吕留良乘船来到南京，一为销售其评选的八股时文集子，一为搜集各种宋以后的著作，准备将来编选文章选本。此处则交代了南京书坊的大致情形。

> 汝兄弟在家，诸事须留心，不可仍前，百事不管。读书当精勤于时文，看书精细，发挥尽致，即此是讲学，即此是好古，舍此而博求，高自位置①，不为穿凿之邪说，即为迂腐之粗谈，欲进步也难矣。此吾所谆谆切切，而于大火尤三致言者。家中看蚕，内无老成警醒之人，一班都是睡魔②，吾甚忧念。蚕丝事小，火烛事大，不可不小心照察。诸幼小儿孙加意调护，倘有些小不安，非不得已者，慎勿轻易服药。
>
> 吴五叔处《八家诗选》印完即寄来③，此间并无一册也，并致之。有便人来者，即附信慰我。船回，书此字，付大火、辟恶。

| **今译** |

你们兄弟在家，什么事情都要留心，不能还像以前那样，百事不管。读书应

当精勤于时文写作，看书如果能够精而细，写作之时发挥得淋漓尽致，这也就是讲学，也就是崇尚古文，反之，舍弃这个而去广求，自以为如何了不起，即便不是穿凿的邪说，也是迂腐粗俗的谈论，想要进步也难啊！这是我所要谆谆切切地教导你们的，而对于大火来说，更是再三强调过了。家中看护养蚕，没有熟练老成、夜里能够警醒的人，一班人都是睡魔，所以我很挂念。蚕丝事小，火烛事大，不可不小心照看。几位幼小的儿孙，需要多加留意调教看护，如果他们身体上有些小的不安之处，不到万不得已，不要轻易服药。

吴五叔（吴之振）那里的《八家诗选》印完就寄来，这里一册也没有，这些事一起告知他。如有人顺便来这边，就让他们附带书信，好让我放心。船要回去了，就写到这里，交付大火、辟恶。

| 简注 |

/

① 博求：广求。高自位置：自己把自己看得很了不起。

② 睡魔：本指睡意袭来无法抵挡，这里指贪睡之人。

③ 吴五叔：即吴之振。《八家诗选》：吴之振编辑并刊行的清初诗选。八家指曹尔堪、宋琬、沈荃、施闰章、王士禄、王士禛、汪琬、程可则。

| 实践要点 |

/

吕留良再三强调，在家的孩子应当有担当、有责任感，要留心家中大小各种事情，不断提升自己处理家务的能力，特别是照顾年纪幼小的弟弟或子侄。作为名医的吕留良，却强调不要轻易服药，这一点也值得现在做父母的特别注意。此处还说到读书不能走马观花，要精而细，写作的时候才能有所发挥，也就是说要注重平时的积累，这也是值得学习的。若读书马虎，写作也肤浅，则是空耗时光而无所成就。

三

　　廿八日寄信，从新墅船上归，到否？此间北客陆续有到者，要等全场会墨①出方买书。而金陵、姑苏近地买者甚众，气色殊噪也。吾所最快者，得黄俞邰、周雪客②两家书甚富，而恨不能尽抄耳。今寄归李伯纪③《梁溪集》九本，可向曹亲翁处借福建刻本一对，无者方录出，亦可省些工夫。又晁说之④《嵩丘集》七本，书到即为分写校对，速将原本寄来还之。两家极珍惜，我私发归者，当体贴此意，勿迟误、勿污损也。黄家有《杨铁崖集》⑤，比吾家本子多数倍，吾欲查对抄全，可拣出寄来。刻本二本，又宋景濂⑥钞本二本，共四本，在娘房床后斑竹书桌上。宋钞本有木匣，可将刻本并置其中。俞邰索我家书目看，便中写来，并发出，明人集亦录上。渠尤要者，经学及史料杂家也。赵东山迈⑦《春秋集传》，吾家有否？此间有之，无则当抄归。

二十八日寄的信，请到新墅的船带回家，到了没？此地的北方客人陆续有到了的，要等全场的会墨都出来了方才可以买书。而金陵、姑苏附近地方买的人也很多，气氛非常热闹。我最为快意的事情是，得见了黄俞邰、周雪客两家的藏书非常丰富，而遗憾的是不能都抄下来。现在寄回李伯纪《梁溪集》九本，可以向曹亲翁处借福建刻本校对一次，缺的篇目方才抄录出来，也可以省些工夫。还有，晁说之《嵩丘集》共七本，书到了就马上分工抄写、校对，尽快将原本寄来归还人家。这两家对藏书都极为珍惜，我是私自寄回家的，你们应当体会我的意思，不要迟延耽误，不要弄脏破损。黄家有《杨铁崖集》，比咱们家的版本文字多出几倍，我想查对后将之抄全，可以挑出寄来。刻本两本，还有宋景濂钞本两本，共四本，在你娘房床后那张斑竹书桌上。宋钞本是用木匣子装的，可以将刻本一起放在里面。俞邰要看我家的书目，方便时抄写下来，一起寄出，明人文集也抄录上去。而在他看来尤其重要的，就是经学以及史料、杂家类的著作。赵汸（号东山）的《春秋集传》，家里有没有？这边有此书，家里如果没有我就抄回来。

| 简注 |

① 会墨：从科举考试的会试试卷中选录出来，给考生用作示范的八股文文集。

② 黄俞邰：黄虞稷，字俞邰，号楮园，福建晋江人。明清之际著名的藏书

家，著有《千顷堂书目》三十二卷等。周雪客：周在浚，字雪客，周亮工之子，河南祥符（今属开封）人。清初著名藏书家，著有《云烟过眼录》二十卷等。

③ 李伯纪：即李纲，北宋末年的抗金名臣，著有《梁溪集》等。

④ 晁说之：字以道、伯以，号景迂生，山东巨野人。宋代诗人、学者。《嵩丘集》也即《嵩山文集》，又名《景迂生集》，此外还有《易商瞿大传》等多种著作。

⑤ 杨铁崖：即杨维桢，字廉夫，号铁崖、铁笛道人，浙江诸暨人。元末明初著名诗人、文学家。

⑥ 宋景濂：宋濂，字景濂，号潜溪，别号龙门子等，浙江金华人。元末明初著名文学家，官至翰林学士承旨、知制诰，被称为明朝"开国文臣之首"。

⑦ 赵东山汸：赵汸，字子常，安徽休宁人。晚年隐居东山，专事著述。元末明初的《春秋》学家，《春秋集传》是其代表作。

| **实践要点** |

吕留良自己是藏书家，故而特别重视与其交好的其他藏书家的藏书，一方面要多而快地抄录自家所缺的好书，一方面又要遵守约定，按时归还，不可污损。还有就是互通有无，故而命其子抄录自家的藏书目录，而且是根据对方的需要，以经史杂家为主，等等。这些交代，都可以看出吕留良对于藏书事业的重视，同时也是在培养其子藏书、抄书之道。所以说，教育子孙，应该让其多多参与家里的相关事情，因为可以传家的知识、才能，都是在平时的点滴之中学习和提升的。

家中大小平安？有便即寄信慰我。此间书一发完即归矣。然书籍留人，恋恋难释，意且在此结夏，大约秋初作归计耳。家人帐目，汝兄弟打起精神算催，勿使拖延。我不在家，即是汝辈露头角处。我一向宽废，正望汝辈振作，勿蹈我弊习也。五月十三日字，付大火、辟恶。

家中大人孩子都平安吧？得便就寄信来告知一切，让我放心。我这边，等那些书一发完就回去了。然而好的书籍也会留人，让人恋恋不舍，难以释怀，所以打算暂且在这边度过夏季，大约初秋再做回家的打算。家里的账目，你们兄弟要打起精神来清算和催促，不要拖延。我不在家，正是你们这一辈崭露头角展现能力的时候。我自己一向懒怠，没有什么作为，正期望你们振作有为，不要学习我的那些恶习。五月十三日亲笔，交付大火、辟恶兄弟。

教育孩子，要从家庭生活的实际出发，指导他们做事，也要创造机会，让他们得到充分的锻炼。作为父辈，在小辈面前，既不隐瞒也不矫饰，真诚地向孩子说明自己治家方面的弊病，平等而亲切，也有利于孩子的成长。

四

盛六船来，收初十日字，知举第三孙，十分欢喜，可小名京还，以志吾游也。大媳蓐中安健？须慎调理。汝母及大小各好？吾甚慰念。

此处书甚行，但北客陆续来，未旺。云大约今岁在秋冬极盛，为房书①故也。施卓人归，寄抄本二种，作速抄完付来，第一勿污损，切嘱！写来书目，似尚未全，可并史料杂书皆开来，少则吴五叔处书目并借写来可也。《西昆倡和诗》《黄度书说》二种，黄俞邰要借看，简出寄至。回聘礼物，借用五叔者，须问价，即纳去。《程墨大题》②，此间随印随发，苏州、杭州、芜湖、宁国皆来要书，因待北客，未尽发去，故未暇寄回，俟吾归带来耳。

| 今译 |

/

盛六的船来，收到了你初十日写来的信，知道第三个孙子出生了，十分高兴，可以取个小名叫"京还"，用来纪念我的远游。大媳妇月子里身体安康吧？一定要谨慎调理。你的母亲以及大人孩子都好吧？我很是挂念。

　　此处图书销售很不错，只是北方的客人陆续才来，还不到旺季。有人说大约今年要在秋冬之际才会达到极盛，因为房书出来的缘故。施卓人回家，寄了抄本两种，你们要快速抄完寄回来，最重要的是切勿弄脏或破损，一定要记住！写来的书目，似乎还不够完整，可以将史料、杂书一并开列抄来，如感觉书目还是太少，就把吴五叔那里的书目一起借了抄写寄来即可。《西昆倡和诗》《黄度书说》这两种，黄俞邰要借看，挑出寄来。回聘的礼物，借用五叔的，必须要问好价钱，然后立刻送钱过去。《程墨大题》，这边随印随发，苏州、杭州、芜湖、宁国都来要书，因为还要等待北方的客人，没有全都发走，所以也来不及寄回，等我回家的时候带来吧！

｜ 简注 ｜
/

① 房书：也即会墨，科举考试中会试的八股文的选本。

②《程墨大题》：即《十二科程墨观略》，吕留良的选本。

｜ 实践要点 ｜
/

　　吕留良在南京逗留，非常关心家中的一切，故要其子详细告知。在南京与其他藏书家互通有无，就要将自己家的藏书目，乃至好友吴之振（吴五叔）的藏书目之中，对方比较感兴趣的史料类、杂书类的尽可能抄去；还有，使用了吴之振家的礼物，要及时支付银钱，这种对待友人尽心尽力的态度，也是值得学习的。他让儿子去办理，则是培养其才能的关键。

桐乡当物有火炉一票，不可迟误，可即往赎归。钟姊要缣①人物，此儿戏中无益之费，吾不与买，亦所以教之也。暑热可畏，舟行尤苦，吾大约新秋动身。晁、李二集，仍用夹板，内将油纸包书入夹，以防污湿，勿误。六月初二日字，付大火、辟恶。

| 今译 |

桐乡典当的物品中有火炉这一票，不要迟误，可以立即前往赎回。钟姊要丝绢做成的人物，这都是儿戏中的物件，属于没有益处的花费，我没有给她买，这也是为了教育她呀！暑热实在很可怕，在船上尤其艰苦，我大约等到刚入秋的时候动身。晁、李两集，仍旧要用夹板装好，里面要用油纸包裹书本再放进夹子，以防弄脏或者弄湿，一定不要出错。六月初二日亲笔，交付大火、辟恶。

| 简注 |

① 缣 (jiān)：细绢。

/

吕留良的小女儿钟姊想买丝绢做的小人物，而购买这类物品都是没有什么益处的花费，故不必购买。他希望以此事来教育其勤俭持家。理性消费的观念，也是家庭教育当中特别重要的一个方面，只有在具体的消费事件当中，方能真正培养起来。

五

> 印有神归一信，曾到未？施卓人廿一日来，书、信俱收。吾体颇安，痔亦不作，但暑泻多日，今早方止耳。说与汝母不必挂念。
>
> 此间书大走，而纸骤长。前字中物，速速寄出。若无的当人可托，即向施卓人、叶鼎玉两家，会银与之，但寄会票法马①出来，亦甚便也。付来《春秋集传》四本，可即分抄，将原书寄来还之，勿迟。

| 今译 |

/

印有神归的那封信，是否收到了？施卓人二十一日来，书和信都收到了。我身体还好，痔瘘也没有发作，但因为暑气而腹泻了多日，今天早晨方才止住。告诉你母亲不必挂念。

这边的书卖得很快，可是纸价大涨。前一封信中说的东西，快快寄过来。如果没有可靠的人可以托付，就向施卓人、叶鼎玉两家，把筹集的银子给他，只要寄来会银的票据、数量过来，也是很方便的。寄过来的《春秋集传》共四本，可以立即分工抄写，再将原书寄来归还，不要耽误。

| 简注 |

① 会票：即汇票，将银钱委托富商之家，到某大城市后按票取钱，具有流通纸币的性质。法马：号码。

张先生字中道及教大火以"检束"二字，甚中大火之病，今付看，当书绅①永佩，以克治改过。为不负师训，不徒作一番说话也。懿修②父子忘恩，照各房送礼已逾分，岂可更过，卯波亦决无颜见我也。载臣③以父命辞馆，此事甚费商量，如何如何？汝辈细与斟酌，不可已则以何人为代邪？忧甚忧甚！

吾归期大约在七月尽、八月初，早则路热，怕行耳。山西陈亲家字一封，得便即寄去。六月廿六日字，付大火、辟恶。

| 今译 |

张先生（张履祥）信中提到，他用"检束"两字来教育大火，这很对应大火的不足之处，现在给他看，应当让他牢牢记住永远不忘，用以克制过错。这是为了不辜负老师的教诲，不只是空做一番劝说而已。（吕）懿修父子忘记恩德，对照各房应送的礼数，已经有些过分了，怎么可以更过于此，卯波他也绝对没有脸面见我了。（董）载臣遵从他父亲的命令离开了书馆，这件事非常麻烦，怎么办呢？你们几个仔细商量斟酌，他若不能再来，那么找什么人来替代呢？十分担忧，十分担忧！

我回家的时间大约在七月底、八月初，如果早回的话，路上太热，害怕赶路。山西陈亲家来信一封，等方便就寄去。六月二十六日亲笔，交付大火、辟恶。

| 简注 |

① 书绅：原指古人把需要牢记的话写在绅带上，后称牢记他人的话为书绅。绅，丝制腰带。

② 懿修：吕懿修，为吕留良的孙辈。

③ 载臣：即董采，字力民，又字载臣。吕留良的弟子，曾在吕家做过塾师。其父董雨舟是吕留良的友人。

实践要点

针对老师的教诲，要反躬自省，深刻检查自己，不断克服缺点，提升修养。不能忘恩负义，礼数要考虑周全。努力做到人敬我一尺，我敬人一丈。

附: 张杨园先生手帖

望日之夕，与两令子，与载臣、霜威宿于东庄，梦书"检束"二字赠无党，觉而思之，不为无义。无党平日终是此二字分数少。康节先生①称风流人豪，然往往书此，用意可知已。所以百泉山中能冬不炉、夏不箑②也。

今译

十五日晚上，与您的两个儿子，与载臣、霜威住在东庄，我梦见写了"检束"两字赠给无党，醒来后仔细想想，这不是没有用意的。无党平时在这两个字上头始终做得不够完满。康节先生被称为"风流人豪"，但也常常写这两个字，其用意可想而知。所以说，住在百泉山中，能够冬天不烧火炉，夏天不扇扇子。

① 康节先生：邵雍，字康节，北宋著名理学家。

② 箑（shà）：扇子。

| 实践要点 |

一个人必须时刻注意检点、约束身心，他的境界提升到了一定程度，人们自然会心生景仰和钦佩。就像百泉山中，冬天不冷，夏天不热。不管遇到了什么情况，都能泰然处之。

六

凡我书册器具，汝等不得擅自取去，费我寻觅。此我家不喜事，汝等宜知之。若欲看欲用者，必请而后可。或暂时看用，当即还其故处。切戒切戒！

今暇时，将楼上房中书为我整理一番。汝辈向来拖开者，亦一一简进。能收拾清楚齐正，尤我所喜事也。

凡是我的书册器具,你们不能擅自拿走,省得我浪费时间到处去找。这是我们家不提倡的事,你们应该知道的。如果你们想看想用,一定要请示之后方才可以。或者只是暂时拿去看或用,也应当立即就归还到原来的地方。切戒切戒!

今天闲暇之时,将楼上房中的书替我整理一番。你们这些小辈,向来喜欢将各种书籍拖开来的,也要逐一拣择进来。能够收拾得清楚整齐,更是令我感到高兴的事。

| 实践要点 |

一家之中,也要有严格的规矩,货归原处,物归原主。小孩子往往只记得将东西拖出来,不记得放回去,至于整理得清清楚楚,则更是难得了。其实从自己的事情自己做开始,养成良好习惯非常重要。虽然都是些小事,但也能使人养成一种严谨的作风。

七

大火,明后日先携书籍、笔砚、被褥至庄,将我厅中桌上书本,除时文及没要紧书且留,其余尽数带来。前要历本看,如何竟忘却,总见不用心,没料理。今后凡我有字出,须牢记,件件要有回复。廿五日付与儿。

/

大火，明后天你先带着书籍、笔砚、被褥到庄上，将我厅中桌上的书本，除了时文集子以及没什么要紧的书暂且留下之外，其他的全部都带来。此前我要历本来看，怎么竟然忘记了，可见还是不用心，没料理好。今后凡是我在信中提到的，一定要牢牢记住，一件一件都要有个回复。二十五日交付与儿。

| 实践要点 |

/

督促孩子做事，一定要先交代清楚，再就所交代的事项，一一核查其落实情况，这是做父母应当注意的。孩子则要注意大人交代的每一条款，件件都要有回复。养成严谨细致的习惯之后，将来会受益无穷。

谕辟恶帖（六）

一

　　于汝兄案头见汝字，欲聚精会神谋治生之计，此无甚谬。乃云文章一事，当以度外置之，此错却定盘针，连所谓治生之计通盘不是矣。吾之为此卖书，非求利也，志欲效法郑氏，则其为衣食制度之本，不可不先足备，正欲使后世子孙知礼义，而不起谋利之心，庶几肯读书为善耳。若必置文章而谋治生，则大本已失，所谋者不过市井商贾之智。

| 今译 |

/

　　在你哥的桌上看见了你的信，说想要聚精会神谋求营生之计，这本没有什么不对的。但是你说文章一事应当置之度外，这就搞错了定盘针，就连你所说的营生之计也通盘都不对了。我为此而卖书，不是为了求得营利，而是想要效法郑氏家族，那就是将其视为衣食所需的根本保障，所以不能不先准备充足，这样正是想让后代的子孙懂得礼义而不产生谋利之心，肯更加用心地去读书、为善而已。如果必定要放弃文章而去谋求营生，则根本已失，所谋求的，也不过是市井社会中普通商人的智慧罢了。

| 实践要点 |

吕留良的二子吕主忠，又名时中，字无贰，小名辟恶，以名字祛除瘟病，代替服药之意。吕留良让孩子帮助售卖自己评选的时文集子，以及天盖楼书局刊刻的其他先贤著作等，给孩子造成一个错觉：似乎聚精会神去做营生的事情，也是一条好的出路。这就与吕留良选刻与售卖图书的初衷相违背了，于是就详细解说自己卖书的根本目的所在。他希望为家族的发展奠定制度保障、物质基础，使子孙能够知书达理，不生谋利之心以至于坏了心窍，最后落得市井商贩的下场。义利之辨是传统儒家的重要命题，吕留良对此有极深的研究，他从事卖书、行医等营生，但一直不忘读书修德，故而也如此要求子孙们。谋生是必须的，但谋利却是要制止的，背后的考量就在品德的养成。

孟子所谓跖^①之徒也，焉有君子而可以跖自居乎？昔孟母之教子，再迁近市，孟子戏为贾衒^②，母曰："此非所以居子也。"去之学侧，卒成孟子。吾之使汝辈卖书，固失孟母之道矣。吾向不忧汝钝，而忧汝俗。此等见识，乃所谓俗也。医俗之法，止有读书通文义耳。今乃欲度外置之，其由俗而趋于污下，不知所底矣。喻义、喻利③，君子、小人之分，实人禽中外之关。与其富足而不通文义，无宁明理能文而饿死沟壑，此吾素志也，亦所望与汝辈同之者也，岂愿有一跖子哉？

　　孟子所说的盗跖这类人，怎么会有君子而以盗跖自居呢？昔日孟母教育儿子，第二次搬家靠近集市，孟子以扮演商人做买卖作为游戏，他母亲就说："这不是我儿子该居住的地方。"离开之后到了学校旁边，最终才成就了孟子。我让你们卖书，本来就有失于孟母教子的本意。我一向不担忧你思维迟钝，却担忧你俗气。你的这些见识，就是我所说的俗气。医治俗气的方法，只有多读书，通晓文章中的道义而已。现在你想把读书置度外，这是由庸俗而趋于卑污低下，不知你们还要堕落到什么地步。追求道义还是追求功利，这就是君子与小人的区别所在，其实也就是人与禽兽的区别所在。与其富足而不通晓文章道义，宁可懂得道义会写文章而饿死在沟壑之中，这是我一直以来的志向，也是希望与你们共同努力的方向，难道希望出一个盗跖一样的儿子吗？

① 跖：柳下跖，又称盗跖，春秋末期赤脚奴隶，领导了九千人的奴隶大起义。

② 贾衒 (xuàn)：出售。

③ 喻义、喻利：语出《论语·里仁》："君子喻于义，小人喻于利。"

<h1>实践要点</h1>

有病则有药可医，唯有俗气不可医。只能通过读书，通晓书中的道义，方才可以克制庸俗。吕留良以孟母三迁的故事来讲述他希望培养什么样的子孙，是懂道义会写文章的，而不是虽然富足但一身俗气的。所以少年时的志向极为重要，这是君子与小人的分别，也是人与禽兽的分别。

字又云："若再悠忽过日，真无所立身。"其语似奋激有为者，乃其所志则弃文义而骛利，吾不知其所欲立者何等之身也。古人戒悠忽，正为无志于学耳。若志在货利，则其患又甚于悠忽矣。此种鄙俗见识，其根起于无知而傲，傲而不胜则惰，惰而不能改则自弃，自弃者必自暴。然则汝之所谓聚精会神以治生者，乃吾之所谓悠忽而真无所立身也。己则自弃，乃托以质地庸下。夫知、仁、勇，天下之达德，如其不能，故曰："好学近知，力行近仁，知耻近勇。"加百倍之功，则愚必明，柔必强。今汝实未尝用力，而曰质地使然，天亦不肯承认此罪也。此系汝上达下达分路关头，故痛切言之。渊明诗云："夙兴夜寐，愿尔斯才。尔之不才，亦已焉哉。"吾亦无如之何也。

你的信中又说："如果再悠忽度日，就真没有立身之处了。"这话看似奋发激进而有为，但是其中所定的目标却是抛弃文章道义而追求利益，我不知道想要追求的又是什么样的立身？古人告诫不要悠忽度日，正是因为缺少刻苦学习的志向。如果志向仅仅在于谋求财货利益，其祸害则远甚于悠忽度日，无所事事！这种鄙俗浅陋的见识，其根源在于无知而自傲，自傲却不能得胜则会招致懒惰，懒惰如果不能改正则会自我放弃，自弃的人一定也会自暴。那么你所说的聚精会神来谋求营生，就会是我所说的无所事事而无处立身。自己想要自我放弃，却以自己天赋本来就很平庸作为借口。智慧、仁爱、勇敢，是天下的三大美德，如果不能具备，所以才说："勤奋学习才能接近智慧，身体力行才能接近仁爱，懂得羞耻才能接近勇敢。"付出百倍的功夫，那么愚钝者也必会变得聪明，柔弱者也必会变得刚强。现在你实际上并没有用力，却说天赋使得自己这样，上天也不肯承担这个罪过啊! 这就是你向上与向下两条道路的紧要关头，所以我才会痛心而急切地说这些。陶渊明有诗说:"早起晚睡地勤奋不懈，但愿你能够成才。如果你真的成不了才，那也只能算了。"我也不知道该把你怎么样呀!

| 实践要点 |

什么才是真正的立身之处? 吕留良认为，可以立身的唯有智、仁、勇这样的美德: 想要立身就需要勤奋学习，修身养性，而不是以天赋庸下为借口不努力进取，不去读书，而去谋利。或者悠忽度日，无所事事，这是实现一切理想的大敌。吕留良也讲明了傲、惰与自暴自弃的关系: 狂傲的人不能成功，便会陷入懒惰的泥潭; 内心自弃的人，也会向外表现出自暴。唯有踏实勤奋，付出百倍的努力，才能获得成功。

朱虎脾泻已止，今时带红积①，然神气健旺，无足虑者。目下嗣钦、降娄、四明，皆患重感甚剧，数夜不寐，忧劳不可言。卖下银有便即寄归。前银尽买纸，将来婚礼在迩，修房备物需用甚急也。余言汝兄能悉之。九、十月间汝兄不出，则十一月初汝亦须归帮忙也。待后信再计。汝兄病三阴疟②，颇恹恹，故出未有定期耳。八月廿八日字，与辟恶。

　　朱虎的脾胃腹泻已经停止了，现在还有点消化不良，不过精神头还算健旺，不用多虑。眼下嗣钦、降娄、四明，都患了重感冒而且还很厉害，为了照顾他们，我连续几夜不能入睡，忧愁劳苦真是无法言说。卖出书后收下的银两如果方便就寄回来。前段时间收来的银子都用来买纸了，你弟弟的婚礼已经临近，修缮房屋、准备物品的费用也很着急。其余的话，你哥的信里会详细告知。九、十月间你哥不出门，那么等到十一月初你必须回来帮忙。等以后写信再具体商量。你哥患了疟疾，一点精神头都没有，所以什么时候能够出门去你那边也还没有定下日期。八月二十八日亲笔，与辟恶。

| 简注 |

　　① 红积：中医当中指消化不良的一种症状。

　　② 三阴疟：即三日疟，由于元气内虚病邪深入，每隔三天发作一次，因邪气潜伏于"三阴"，故名。

| 实践要点 |

　　经商只是谋求生存的手段，即便是把经商作为职业，也要不断地加强道德修养，否则将会一事无成。"业精于勤荒于嬉，行成于思毁于随"，所以必须修身养性，提高学业。若以禀赋平平作为不努力进取的借口，整天悠忽无所事事，将是实现理想的大敌。没有哪一个人能够不加强道德修养不勤奋学习就随随便便成功。每个人因为不完善，所以需要不断地学习，向有智慧、有道德、勇敢坚强的人靠近，提升修养，增长才干。勤生智慧，惰生愚昧。

二

两次字都到，行李物件俱收明。昨吾往严墓吊宣成①，故不及写字。今归，知船尚未开，又附此，诸已悉汝兄字内。读书、执事，原无两义。读书以明理为要，理明则文自通达，于人情世故亦无所不贯，故曰"无两义"。若读书止求文法字句，执事②只求货利私欲，则自然两相妨碍矣。其根原只在立志正大，用心精细笃实。其工夫先在看书义明白，次求古人文字能达吾意，斯尽矣。非规规念句调弄笔头，而谓之读书也。

| 今译 |

两次来信都收到了，行李和物品也都已接收明白。昨天我前往严墓吊唁宣成，所以来不及写回信。今天回来了，知道船还没有开，又附上这些，具体情况

都已详细写在给你兄长的信里了。读书和做事，原本没有两个道理（两不影响）。读书以明白道理为要，道理明白则文章自然通达，对于人情世故也能无所不通，所以说"无两义"。如果读书只是追求文法和字句，做事只是为了求得财货之利和私欲，那么两方面自然就会相互妨碍。其中的根源只在于立志要正大，用心要精细，专注踏实。其中的工夫，首先在于书中道理看得明白，其次追求古人文字能够与我心中的意思相互会通，这也就足够了。并非规规矩矩念念句调、写写文字，就可以称之为读书了。

简注

① 宣成：即张嘉谨，字宣成，原籍江苏吴江，移居乌镇严墓。张嘉谨与其兄张嘉玲都是张履祥的弟子，也是吕留良的友人。

② 执事：做事情，主持工作。

实践要点

吕留良以其长子为例，说明读书与管事（营生）两者不会相互妨碍的道理。一个人知书达理，修身立德，做起事情来才会用心钻研，处理人情世故也会得心应手。读书并不只是为了读读字句，学一点文法，"器大者声必闳，志高者意必远"。

甚望汝归，而彼处脱人不得。汝兄疟势未愈，如何如何！须酌一良策，汝于十一月初得归为妙。翻刻之说^①，酌事势恐未必确，即有之，鞭长不及，奈之何哉？《明文合选》^②，若是许伯赞选本，甚欲得之，惜太价昂耳！六合之说果否？果则大畅也。以后卖下银，仍照汝兄规矩，各封原封，勿并拢，帐上细书，以便查对。行舟促，字不及详细，俟后信。三弟婚期在十一月十九，汝须十日前到为佳。十月初七日字，与辟恶。

| 今译 |

很希望你回来，可是你那里又离不开人。你哥患了疟疾还未痊愈，怎么办，怎么办？必须商量出一个好的计策，你于十一月初能回来为好。翻刻一事，根据事情的状况，恐怕未必能确切，即使有，也是鞭长莫及，这又能怎么办呢？《明文合选》，如果是许伯赞选本，很希望得到，可惜价位太高了！六家合选之说是真的吗？如果是真的那就太令人高兴了。以后卖书后收下来的银子，仍旧按照你哥制订的法则，各封贴上原封条，不要并拢起来，账目上要写详细，以便查对。船要出发了，来不及细写，等下次的信吧。你三弟的婚期在十一月十九日，你应当在十日之前回来为好。十月初七日亲笔，与辟恶。

/

① 翻刻之说：当指吕留良评选的时文集子被他人翻刻一事。

② 《明文合选》：六人合选的明代人所作时文的选本。

| 实践要点 |

/

此处讲了如何处置书被人翻刻、盗版，以及购买《明文合选》，如何管理收到的银子等三件事情，都是非常具体的实事，也讲明了处理的方法及其原因。吕留良就是通过具体事件的处理，教会其子如何增长营生的才干。教导孩子成长，总是要在实事之中进行。

三

廿二日朱二船出，寄《补大题》三捆、字一封，定已收得矣。目下家中皆安好，只愁旱涸车庳①为苦。再数日无雨，屋后塘亦绝流，又不免荒乱之忧耳。冬菜子闻南京者为佳，宁国一带俱年年在京买子，可籴②升许来试看，然此须白露后半月下子乃佳，不可迟也。莴苣子亦需之，并寻来，兼访其种植浇培之法。

汝兄出门，大约在中秋后、重阳左右。若汝意欲迟早其间，亦无所不可，汝自酌，寄信来说可也。在外切不可废读书，虽忙亦偷空为之。秋凉须备寒衣，因汝妇在母家，不及问之。若欲制新者，汝自酌用可也。七月十六日字，与辟恶。

| 今译 |

二十二日朱二的船出发，寄《补大题》《十二科程墨观略》三捆、信一封，应该已经收到了。眼下家中都安好，只愁天气干旱水车汲水为苦。再过几天不下雨，屋后的池塘也要断流，又不免有荒乱之年的忧虑了。冬菜籽听说南京产的最好，宁国一带的人年年都在南京城里买种子，你可以买进一升多来试试看。但是这些种子必须在白露之后半个月时种下才好，不能迟了。莴苣的种子也需要，一起买来，顺便再咨询一下它们的种植、浇水、培土等方法。

你哥出门的时间，大约在中秋之后、重阳节左右。如果你想要让他在此期间迟点或早点，也没有什么不可以，你自己根据情况，寄信来说明就可以了。在外面切记不能荒废了读书，即使忙也要偷空去读。秋天天凉，必须准备好过冬天的衣服，因你妇人在她母亲家，来不及问她。如果想添置新衣服，你可以根据需要自己斟酌。七月十六日亲笔，与辟恶。

简注

① 戽 (hù)：灌溉田地用的吸水器。

② 籴 (dí)：买进粮食。

实践要点

吕留良晚年隐居乡村，很重视农事，故而除了收集图书，还收集作物种子。他也要其子帮助收集南京产的冬菜籽、莴苣籽，且询问种植方法等。让孩子学习各种实际的技能，也是为了培养其营生能力。他再次强调，应当忙里偷闲认真读书。什么时候想回家，什么时候又该添置衣服等，都让孩子自己作主。做父亲的还是要尽量做到家庭中的民主，从而培养孩子独立自主的能力。

四

端砚①无有，即有而刻字送人，是献技也，义所不可，况擅用它人物乎？凡与人交往，皆当心存诚敬，却不可不揆②义理，有曲阿之意。即应对、进退周旋间皆然。不可要用人便不管自己，无所用便一概简③傲去。因此一事发此语，当时时存记，不专指此也。付出玉杯一枚，可用用之，否则别觅它物。与辟恶。

/

端砚没有，即便有了而又刻字送人，这是献技，从道义上说也是不可以的。何况擅自使用他人的物品呢？凡是与人交往，都应当心存诚实和敬畏，却不可不去考察其是否符合义理，或怀有曲意阿谀之心思。也就是说在应对、进退的周旋之时都是这样的。不可以在要用人的时候便不管自己是否真的需要，而当人家没有什么用处时便一概简慢、狂傲地避开。因为这一件事，我写了这些话，你应当时时记住，当然我指的也不仅仅是这一件事。寄去一个玉杯，能用得上就用，用不上我再找其他物品。给辟恶。

| 简注 |

/

① 端砚：中国四大名砚之一，十分名贵，与甘肃洮（táo）砚、安徽歙（shè）砚、山西澄（dèng）泥砚齐名。

② 揆（kuí）：度量，考察。

③ 简：简慢，轻视。

| 实践要点 |

/

与人交往共事，都要怀抱真诚，心存敬意，自己的一言一行都要符合道义。在需要得到他人的帮助时，要考虑是否既合情又合理，不强人所难。待人要诚恳，不能在需要时靠近，不需要时又疏远。只有付出诚心，满怀敬意，方能赢得他人的信赖。

五

> 作文不可畏难，即未能佳，且做去。多做自通，越缩越生疏矣。凡人，何可量？只是自画①，便了却一生耳。怕人笑，便终受人笑；不怕人笑，更何人笑得我也？勉之勿忘。四月廿四日字，与辟恶。

| 今译 |

做文章不能有畏难情绪，即使不能做得很好，也要去做。做得多了自然也就通了，越是缩手缩脚，就越是生疏。凡是一个人的发展前景，又怎么可以限定呢？只不过就是自己限定自己，便了却自己的一生罢了。怕人笑话的，便终生被人笑话；不怕人笑话的，又还有什么人笑话得了我呢？以此勉励，不要忘记。四月二十四日亲笔，给辟恶。

| 简注 |

① 自画：自己限制了自己。

不仅仅写文章如此，做任何事情都是如此。一定要大胆去做，不要畏葸不前，否则总是寸步难进。担心被他人耻笑，终归是要被人耻笑的，前怕狼后怕虎，最终将一事无成。所谓"走自己的路，让别人去说吧"，坚定地完善自我，必定会赢得他人的尊重。

六

汝以何项帐无礼于二酉，使以字诉我，甚失处亲戚之谊。凡事不可以利伤义，妇言不足听也。席片要紧，更得数床为妙。

| 今译 |

你因为哪一项账目而对二酉无礼，致使他写信来告诉我，非常有失亲戚之间相处的情谊。无论遇到什么事情都不能因为利益而伤害了情义，妇人的话是不值得一听的。你寄来的席片，是一个要紧的物品，如果能再得几床那就更妙了。

　　此处的二酉当是帮吕留良卖书的亲戚，辟恶以少东家自居而无礼于他，故而吕留良去信责问，并指出，无论遇到什么事情都不可以因为利益而伤害了情义。情感是最为微妙的，金钱去了还会来，情感一旦疏远就很难弥补了，这一点值得警示。

谕降娄帖（五）

一

出外举止，须庄重谨厚，与人谦和，语言简雅，切勿轻躁，与人取笑。局中诸事，留心觉察，习劳学筋节①。自奉须刻苦，勿作高兴妄费之事，及置买游戏无用之物。

得少闲，即读书，细心看《大全》，温诵古今文字，有所见，即作文以发之，勿游闲过日。前大火带归《文献通考续集》，反阙②《正集》，见书铺有《正集》，可买补之。遇古书，为家中所无者，勿惜购买，此不与闲费为例也。见吾相知者，皆致候，云"病甚，不能作书"。

│ 今译 │

出门在外，言谈举止必须庄重，谨慎厚道，与人交往要谦逊温和，说话要简约文雅，切不可轻佻急躁，与他人取笑。书局中的各类事务，都要留心观察与思考，习惯于劳作，并学会其中的关键之处。自己的生活供养必须刻苦，不要因为一时高兴就不加节制地花费，或者添置一些只是游戏而毫无用处的东西。

有一点空闲时间，就要读书，细心去看《四书大全》，温习诵读古今文章，有了自己的见解，就写成文章来表达，不要悠闲地虚度时光。前些日子我让大火带回《文献通考续集》，反倒缺了《正集》，你如果看见书铺里有《正集》，可以买来补上。遇到古书，凡是家中没有的，不要舍不得购买，这不算是随意花费。见到与我相识的人，都要致以问候，说我病重，故不能写信。

| **简注** |

① 筋节：筋骨、关节，此处比喻关键的地方。
② 阙 (quē)：缺。

| **实践要点** |

吕留良的三子吕宝中，又名宏中，字无欲，小名叫降娄。"降娄"与"大火"同为十二星次之一，降娄星次对应约阴历三月初六至四月初四，吕留良的三子当出生于这个期间。这是他第一次外出办事，故而细细叮嘱一番。年轻人外出，必须注意言谈举止，养成谦逊、谨慎、诚恳、忠厚等品质，不急不躁，冷静观察与思考，方能学到真本事。平时的生活要俭朴，花费要有所节制，也是必须注意的。至于读书与作文，吕留良也有详尽的安排。同时，也希望儿子能够多为家里添置一些经典的书籍，比如《文献通考》之类。凡是买书，都不算胡乱花费。

二

我在山中两月，昨始归家。汝两次书信已收，家中皆安。汝向不更事，近能独任外务，不以为苦，此可喜也。但凡事须详慎，勿似夙昔轻躁妄为，宁失之畏葸^①，毋自以为能，则庶几无大过矣。虽无人讲解，然不可不读书。

受成^②约此月至，至即出代汝，汝宽以待之，其余悉汝兄字中。行促书此数字，俟后便再寄也。五月初六日字，与降娄。

| 今译 |

我在山中住了两个月，昨天才回到家里。你寄来的两封信已经收到，家里的一切都平安。你一向不很明白事理，近来能够独自在外承担事务，不以此为苦，这令人感到高兴。不过凡事必须细致谨慎，不要像以前那样轻率浮躁随意妄为，宁可失之胆怯，也不要自以为是，这样或许就不会犯什么大过了。虽然没有人为你讲解，但是你不能不读书。

受成大概这个月就会到，到了就出来替代你，你要宽容地对待他，其他事情都已详细地写在你哥哥的信中。临行匆忙地写了这些，等以后方便了再寄信给你吧。五月初六日亲笔，与降娄。

① 畏葸（xǐ）：胆怯。
② 受成：为吕留良家负责经营图书出版的仆人。

实践要点

一人出门在外，一定要做到不轻佻，不急躁，凡事谨慎，不可随意妄为，宁可胆怯一些，也不可自以为是，方才不会造成大错。这一告诫其实是很有必要的，虽然说年轻人当有进取精神，但必须是在方向明晰的前提之下，否则往往会陷入胡作非为的境地。还有，对待下人或者普通职员，都应当有宽容之心，善待他人。古人说得好："有容乃大，无欲则刚。"

三

沈书升来，信、物已收。书不走动，亦只得耐心信命，不应便起妄想。汝在寓，无人提撕①，便恐堕落。早晚不可不读书，读书便是提撕法也。不可妄有作为，及燕辟②佚游，谑浪作闹，此最损根本，不可不儆③。

受成已出，其尊人期其速归，故势未能出。欲遣大火

来代汝，而日内郡邑有试事，汝兄为汝地，不意弄假成真，
势又不可出。汝须耐苦月许，待此间商量人出更代耳。兹
因魏亲翁北上之便，附此。五月廿二日字，与降娄。

沈书升来了，信件和物品都已经收到。书卖不出去，也只能耐心地相信命运
安排，不应当就起了非分之想。你在寓所，没有人提醒，我便担心你会堕落。早
晚不能不读书，读书便是提醒自己的好方法。不可恣意妄为，以及宴乐辟邪游
荡，戏谑放荡胡闹，这是最有损于做人根本的，不可不加以警戒。

受成已经出发，他的父母期待他很快就回来，所以势必不能再出去了。我打
算派大火去替代你，然而近几天郡城里有应试之事，你哥为了你的缘故，没想到
却弄假成真了，所以看这情势又不能外出了。你还需再忍耐吃苦一个多月，等到
这里商量好了就派人出来替代你。现在因为有魏亲翁北上之便，特意附上这封
信。五月二十二日亲笔，与降娄。

| 简注 |

① 提撕：提醒，提点。

② 燕辟：燕，通宴。辟，邪辟。

③ 儆 (jǐng)：警戒，戒备。

一个人在外面，缺少父兄的提醒，那么提醒自己奋进，最好的办法就是读书，让书中的圣人、伟人来提醒自己，还是非常有用的。所以吕留良再三强调，让在外的孩子充分利用这难得的闲暇时光，多多读书。反之，如果经常宴乐辟邪游荡，戏谑放荡胡闹，那么就会连做人的根本都被损耗了。人的意志，其实总是薄弱的，所以必须要不断提点，方可避免颓靡懈怠，不至于连自己也觉得面目可憎了。

四

张祥于吴江担搁，廿二始到，正在悬挂也。生意冷淡，或赶新客到，尚有想头，不则何以卒岁耶！朱氏昆季①用情深厚，见时致我感念之意。然我有要言嘱汝：汝不可因其情至，或以事干请②，或私为委曲③，或为旁人所诱用，损其昆季盛谊，败我家清苦坚守之志节。汝年幼，无远识，恐堕落此中，切戒！廿三日辰刻字，付降娄。

张祥因在吴江耽搁了，二十二日才到，我正在挂念呢。生意冷淡，有时赶上新的客人到来，还有想头，否则怎么能够度过这一年呢！朱氏兄弟的深情厚谊，见面之时代我表达一下感念之情。但是我还有要紧的话叮嘱你：你不能因为他很重情义，或者有事就去求他，或者私下里做了邪曲之事，或者被他人所诱骗利用，从而损害了他们兄弟的深厚情意，也败坏了我们家清苦坚守的气节志向。你年龄还小，没有远见卓识，恐怕容易堕落其中，切记！二十三日辰刻亲笔，交付降娄。

① 昆季：即兄弟，又作昆仲、伯仲。

② 干（gān）请：请求。干，求。

③ 委曲：此处指邪曲不正。

如何对待父辈以来的世交，什么才是真正的朋友，吕留良的这几句叮嘱，确实非常难得。人家有深情厚谊，但是不可以一有事就去求人家，更不可以因为各种内外缘故而做对不起人家的事情。真正的友谊应当不涉利益，无欲无求，正所谓君子之交淡如水。朋友是心灵的默契，是性情的相投，不可利用朋友的真情，而勉为其难。

五

> 五月廿二魏亲翁进京一信，想尚未到。家中皆安，但念汝独自久客，正令汝兄来代。在外能细心任事，服父兄之劳而释其忧，即人生分内第一义也。第^①不可废读书，废读书则流入市井，污下^②而不知矣。勉之勉之。六月初三日字，与降娄。

| 今译 |

五月二十二日，魏亲翁进京的一封信，估计还没有寄到。家中都很平安，只是念你独自一人久居他乡，正准备让你哥前来替代。在外面能够细心做事，分担父亲、兄长的劳苦并且排解他们的忧虑，就是人生分内的第一要务。但是不可荒废读书，荒废读书就会流入市井之中，地位卑下而不自知了。勉励，再勉励。六月初三日亲笔，与降娄。

① 第：但，只是。
② 污下：地位低下。

| 实践要点 |

　　一个人出门在外独立做事，分担父兄之职，是做弟子所应尽的义务，也是人生的分内之事，这种理念现代人也应当继续弘扬。至于无论身处何时何地，都要不忘读书，也就是终身读书的理念，更是符合现代社会的发展。不读书则必然会使自己落入庸俗、卑污之中，这一点也必须牢记。

卷四

与侄帖（五）

一

山中，初闻横街火灾，甚为尔忧。今知焚店屋八间，何以堪此？又闻欲卖基地与方家，其价亦不为少。第此价到手，先须打算后路，吾意非赎屋即赎田，仍足抵还粮之用乃可。若未算后路而先卖银，必然花费打散，虽吾亦不能自保，而况于尔乎？至或云放典取息，或云托人做生意，此皆骗局，立尽之道，不可行也。此中事宜须待我归。汝今且与家人算计：何处产好宜赎，价须若干，以便脱产置产。若毕竟无产可赎，则此地终不可卖，又当别图起造之法也。汝兄归，先此数字。十三日字，与四房侄。

| 今译 |

我在山中，刚听说横街发生了火灾，很为你担忧。现在知道烧毁了店面房屋八间，怎么承受这场灾祸呢？又听说你想卖宅基地给方家，这个价位也不算

低了。但是这个价钱到手后，先要打算后路，我的意思是，若不是赎房屋就是赎田地，其收益仍旧足以抵还口粮的用度方才可以。如果不考虑后路而先卖地换取银子，必然会把这些银子都零散地花了，即便是我也不能保证自己不这样，何况是你呢！或者说用它来放债典押获取利息，或者说托付给别人去做生意之用，其实这两种都是骗局，是立刻把它们都用光的做法，都是不可取的。这事最好等我回来之后再作决定。你现在先和家人计算一下：哪里的产业好且又容易赎回，价格需要多少，以便宅基地脱手后就去置办。如果最终没有适合的产业可去赎买，那么这地终究不可随意卖掉，还是应当另外考虑起房造屋等其他办法来处理。你哥要回来，就先写这些。十三日亲笔，交与四房侄。

| 实践要点 |

一旦手里有了一笔闲钱，就要打算好怎么使用这笔钱，不能放在手上，因为这样容易管不住自己，渐渐地就把它零散地花掉了。贷款出去获取高额的利息或者托付给他人去做生意，都不可靠。吕留良认为，家里的祖产，还是要有非常稳妥的投资，方才可靠。这些思路，也值得我们现代人置办产业、管理家庭的时候参考。确实，闲钱不可多，一多就会坏事。家族财富的积累，还是需要有精打细算的态度，方才可行。当今社会，有些"富二代""官二代"，财富来得容易，往往去得更容易，豪掷千金之后，就是败家亡身。

二

有银纳秀才，不肯迎父母，想人家养子何用？不知此时父母存亡若何，一向丢在脑后，忽然写起帖子，又须用这老头子。我不忍见此名帖，可为我还之，且云：待他父母归后，才与相见也。叔字。

| 今译 |

有钱接纳秀才，却不肯迎养父母，想想人家养儿子又有什么用呢？不知道此时父母是死是活，生活得怎么样，平时一向就把他们忘在脑后，忽然写起帖子来，又需要用到这老头子了。我不忍心看见这样的人的名帖，可以替我把它还了，并且告诉他，等到他的父母回家之后，我才与他相见。叔亲笔。

| 实践要点 |

用得着父母的时候，方才会想起父母，平时都把父母忘在脑后。吕留良见不得这样子的亲族，故而写信给侄儿，要侄儿去归还此人的名帖，并告诉他，什么时候迎接父母回家，就什么时候认这个亲族。"天地之性，人为贵；人之行，莫大于孝。"人生在世，享受世界带来的五彩缤纷，都源于父母。羊有跪乳之恩，鸦有反哺之义，鸟兽尚且如此，人何以堪？"谁言寸草心，报得三春晖。"如果不及时行孝，留下的就只有悲伤悔恨和遗憾。

三

> 东岳庙系吾家家庵，自祖父以来，世令僧人居守。近闻道士希图攘夺，虽僧道皆属异端，然祖父遗规，不敢辄有变更也。吾病不能出，侄可主持，严戒道士毋得多事，吾家断断^①不容也。叔字。

| 今译 |

东岳庙是我们家的家庙，自从祖父那代以来，就一直让僧人居住看守。近来听说道士想要抢夺，虽然僧人与道士都属于异端，但是祖父遗留下来的规矩不敢随意变更。我病重不能出去，侄子可以亲自主持此事，严格训诫道士，不得多事，（若是抢夺东岳庙的产权），我家是绝对不能容忍的。叔亲笔。

| 简注 |

① 断断：绝对。

这是处理一项家族产权的具体案例，吕留良要其侄儿出面处置，但要将其中的道理说得很明白，侄儿才能方便行事。

四

闻日来外间狭邪①之风甚炽，富室子弟尽为所煽坏。举国若狂，可恨可畏。汝脚根未牢，宜更加警省，以彼曹②为惩戒，勿轻出门，所谓不见可欲，使心不乱，慎……③

| 今译 |

听说近来外面娼妓的风气很盛，富家子弟都被她们煽动学坏。全县的人都好像疯了，这真令人感到既可恨又可怕。你的脚根还未曾站稳，历世尚浅，应该更加警悟自省，以那些人为戒，不要轻易出门，所谓看不见那些引发欲望的，就不会使得自己心中纷乱，一定要谨慎……

| 简注 |

① 狭邪：窄街曲巷。因多为娼妓所居，后遂以指娼妓居处。此处指的就是

吕仁左的事件，详见《谕家人帖》。

② 曹：辈，等。

③ 原注：后阙。

／

每当社会风气不好的时候，一定要提高认识，认清方向，管好自己，洁身自好，使得自己的言行符合正道，"出淤泥而不染"。特别是不要轻易出门，不要结交匪人，出入不良场所。

五

门簿一本，谕帖一张，付到，此是为吾侄读书进德修身齐家之助。当分付家人共遵守之，勿视为泛常虚应数事也。叔字，仁左侄览。

| **今译** |

／

准备了门簿一本，告示一张，交付到你们那里，这是作为给我的侄子们勤奋读书、提升道德、修养身心、整治家风的帮助。应当吩咐家人们共同遵守，不要把它看作泛泛而谈的寻常之说，或是敷衍应付的一类事情。叔亲笔，仁左侄儿一览。

| **实践要点** |

／

此处说的门簿、告谕等，参见下文的《谕家人帖》，就是强调侄子们的家人也要严守门户，而侄子们则须注意不要结交亲族之中的匪人，以致被引诱做了坏事。

谕家人帖

大叔偶被亲族匪人①所误，今幸悔悟，家门之福。但恐此辈孽根不断，仍来煽惑，特设立门簿，着尔等众人轮流值日管门。如□□、□□、□□□、□□四人，乃骗诱罪魁，今后不许往来，除拜节及喜庆行礼祭扫不论外，余时不许容此四人进门。如值日人不行阻住，查出重责卅板，仍罚追饭米。倘此辈恃强直闯，不听尔等劝止，许尔等尽力推拦，盖此是诱坏尔主仇人，亲族之义已绝，尔等各为其主，正是忠处，不作冲撞论。即有是非，我自与理论，尔等无畏也。特谕。

贴四房后门内，不许损坏。

| 今译 |

大叔偶然被亲戚同族之中那些行为不正的匪人错误引导，如今幸好悔恨醒悟，这是家门的福气。只是担心这类人孽根不断，仍旧会来煽动蛊惑，所以特地设立门簿，让你们以及众人轮流值班管理大门。如□□、□□、□□□、□□

四人，他们是蒙骗诱惑的罪魁，今后不许与他们往来，除了拜年、过节以及喜庆行礼、祭扫不论之外，其他时间不允许他们四个进门。如果值班的人不能阻止他们，一旦查出就重重地责罚三十大板，还要责罚追回他们的饭食。如果这些人依仗强势硬闯进来，不听你们的劝阻，准许你们用力推拦，因为他们就是引诱带坏你们主人的仇人，与亲戚宗族的情谊已经断绝，你们也是各自为了自家的主人，这正是最能体现忠诚的地方，不能算作与人发生冲撞来论。即便有什么是非，我自己会去与他们进行理论，你们不要害怕。特此说明。

贴在四房后门之内，不许损坏。

| 简注 |
/

① 匪人：行为不正的人。

| 实践要点 |
/

即便是亲戚、同族之中的人，如果有引诱他人做坏事的，也要远离，不与他们来往，所谓"道不同不相为谋"。另外如孔子论交友所说的"益者三友，损者三友"，"友便辟，友善柔，友便佞，损矣"，损友必须拒绝，这也是一个人成长的关键。吕留良写此帖，就是要严肃一家之门风，要求轮流值班守护大门的人，严格执行他的规定，不让为非作歹的亲族随意进入，除了重大年节，这也是给予这些人一定的惩罚，却又不做得太绝。现代社会，也难免有不良的亲戚朋友，如何与他们相处，也是应当注意的大事。

从弟①至忠，字仁左，四伯父耕道先生之子。少孤，先君子教抚之。偶惑一妓，遂至流荡。先君子严加禁督，始而怼愤，终乃悔悟，末年翻更勤俭，家赖以不破焉。公忠记。②

| 今译 |

堂弟至忠，字仁左，是四伯父耕道先生（吕瞿良）的儿子。小时候就失去了父亲，先君子（指其先父，也即吕留良）抚养教育他长大。偶然被一个妓女所迷惑，于是开始放荡。先君子严格管教，禁止随意出入，督促改正，开始的时候他十分怨恨、愤怒，后来终于悔过、醒悟，晚年之时更加勤奋节俭，他家也因此才没有败落。公忠记录。

| 简注 |

① 从弟：堂弟。吕至忠，字仁左，吕留良之四兄吕瞿良之子。
② 此为吕留良之子吕葆中（公忠）的补记。

一个人想要健康成长，必须抵御来自社会的各种诱惑，如金钱、酒色等，如果不能抵御，就会枉度一生。平时要行为检点，经常反躬自省，同时还要听从长辈的教诲。"玉不琢不成器"，时时反省，人人监督，才能平安地度过一生，不至于家庭破败。

与侄孙帖（二）

一

葬日已择在十二月二十外两三日内，其挑浜^①之日，择本月初七日起工。其次，初十日亦可用，但此系大事，又事非一房，须先期计议停当，不致临期有误。各房须料理费用，众家事极难做，必公诚和让，奋发义勇，乃克有济，惟贤者^②勉之耳。叔祖字，与诸侄孙。

| 今译 |

下葬的日子已经选在十二月二十日之后的两三天内，还有挖掘河浜的日子，选在本月初七这天开始动工。其次，初十那天也可以选用，但这是大事，又因为不只是一房里的事，一定要先计划商议停当，才不至于到时候出现失误。各房都要承担一些费用，涉及好几房的事情很难做好，必须公正、诚心、和睦、谦让，奋发图强，勇于担当，方能成功，希望你们勉力为之。叔祖亲笔，给各位侄孙。

简注

① 挑浜：挖掘河浜。

② 贤者：古人书信中用来指代对方的尊称。

实践要点

做事要有计划，考虑周全，免得因为考虑不周，带来麻烦。处理事情要公正、诚心。一起谋事时，要保持态度和蔼，谦让有礼，互相勉励。要有责任心，主动，敢于担当，讲义气。"一方有难八方支援"，相互团结，众志成城，才能砥砺共进，把各类事情做好。

二

移居匆匆，吾无以为意，准盒少许，甚愧。汝祖若在，定有一番照睐①，惜不及见，言之怆然。今推汝祖意，与汝银一两，虽不多，亦当念尔祖也。时时归省母兄，勿致疏离。去家稍远，间隙易生，慎之戒之。读书、作家，务本向上，近正人，远市井游戏，此吾之惓惓②期望者也。叔祖字。

今译

你搬家很是匆忙，我也没有太放在心上，简单地准备了几盒礼品，很是惭愧。你的祖父如果还健在，一定会有一番招待，可惜他来不及见到了，说起来真让人感到悲伤。现在我推测你祖父的意愿，给你银子一两，虽然不多，也权当是对你祖父的思念。你要经常去探望你母亲和兄长，不要使得关系疏远。离家稍微远了些，就容易产生隔阂，所以要慎之又慎，戒之又戒。读书与在家里做事，都要固守本分、向上进取，接近正直的人，远离市井游戏，这是我所恳切期望于你的。叔祖亲笔。

简注

① 照睐 (lài)：旁视，顾盼。

② 惓惓 (quán)：恳切的样子。

实践要点

吕留良的这个侄孙，搬家到别处居住，他送了礼金、礼品，还附上这一封信，谈了自己对其祖父，也即自己兄弟的思念之情。还说虽然搬家之后远了点，但是应当经常来探望父母兄长，这样才能亲情融洽；一旦时间长了、距离远了，亲情也会随之淡漠起来。还有，不论读书还是做事，都要有上进心，固守本分而锐意进取。

与甥朱望子①帖（二）

一

屡得甥字，去年以书信附苏州，而邮客已行，竟不得致，怏然。阅甥近文，较昔条达，知勤业不怠，日有进诣，可喜可慰。第尚未能开拓境界，不脱"肤浅平实"四字，大都好通篇逗点，无可抹亦无可圈也。其病坐无意思，故无曲折生发。今特寄与《程墨》一册，金正希、黄陶庵稿各一册②，吾儿《竽木集》一本，其中金稿与《竽木集》，尤为吾甥对症之药，当细玩之。家中尚有归太仆、唐荆川稿③，不以相寄，因此等文字，甥宜慢看，不能得其精微、高妙之故，则徒益其"肤浅平实"而已。为甥计，急力辟生径，使心思别出，乃有进处，否则终无当也。

| 今译 |

几次得到外甥的来信，去年把书信附带着寄到了苏州，可是邮差已经走了，最终没能寄成，心中很是不快。读了外甥近来所作的文章，感觉较以往更加条理

畅达，知道你勤奋于学业，毫不懈怠，每日都有进步，让人既高兴又欣慰。只是还未能开拓境界，没有脱离"肤浅平实"四个字，大多只好用上通篇的逗点，没有可以涂抹、删改的，也没有可以圈点、赞赏的。问题在于缺乏好的构思，所以没有什么曲折能够生发出来。今天特地寄给你《程墨》一册，金正希、黄陶庵的文稿各一册，我儿子的《竿木集》一本，其中金稿与《竿木集》，尤其适合作为纠正你的弊病的良药，应当仔细玩味一番。家中还有归太仆、唐荆川的文稿，不打算寄给你，因为这类文章，外甥最好慢慢阅读，否则不仅不能领会其中的精微、高妙之处，反而只会增加自己的"肤浅平实"而已。为你考虑，急切需要开辟出一条陌生的路径，使心思有其他出路，方才能有进步，否则终究还是没有用处。

| 简注 |

① 朱望子：吕留良的外甥，吕留良的姐夫朱声始之子。

②《程墨》：即吕留良评选刊刻的时文选本《十二科程墨观略》。金正希：金声，一名子骏，字正希，安徽休宁人，抗清义士，兵败被杀，著有《金太史文章》《尚志堂集》等。黄陶庵：黄淳耀，字蕴生，一字松厓，号陶庵，江苏嘉定（今属上海）人，抗清义士，嘉定城破后与弟黄渊耀自缢于馆舍，注有《陶庵集》。吕留良自己评选刊刻的时文选本包括《金正希先生全稿》《黄陶庵先生全稿》等。

③ 归太仆：归有光，字熙甫，号震川，官至南京太仆寺丞，明代著名散文家。唐荆川：唐顺之，字应德，号荆川，江苏武进（今属常州）人，明代著名文学家。吕留良刊刻的选本也包括《唐荆川先生传稿》《归振川先生全稿》。

/

此处吕留良详细谈了对于外甥的文章"肤浅平实"这一感受，文章虽然没有什么大的差错，但是也没有什么值得称赞的地方。于是对症下药，指出如何才能实现构思巧妙，比如视野要开阔，境界要高远，才会不落入俗套。当然，也不必急着读那些精微、高妙的文章，因为如果学不到其中的好处，反而更加容易落入俗套。

吾痔瘘增剧，连年咯血，今声嘶痰嗽不止，日就枯瘁，加以尘壒婴逼①，意益不堪，遂削发为僧，结茅埭溪②之妙山，苟延性命。急欲完《知言集》及一二种要紧文字，而精神已不支，搁③笔收拾不上。家中子侄门人之文，概不能批看，故甥文亦不及动笔也。苗兄、刘兄文甚佳，北方有此神骏，尤不易得，愧杀南人矣。观其志趣亦不凡，似不甘以时下自了者，故以数言怂恿之，晤间为道斯意。医理难精，以糊口之心为医，更必不精。其说甚长，俟归时面言可耳。便信行遽，不及多语，惟善自爱，以副远念。五舅字，与朱大甥。六月廿二日。

| **今译** |

/

我的痔疮病不断加剧，又连年咯血，现在声音嘶哑、咳痰不止，人也就一天比一天憔悴，加上外在势力的逼迫，意气更加不堪了，于是削发为僧，在埭溪的妙山上造了一间草屋，苟延着性命罢了。我很想完成《知言集》，以及一两种要紧的文字，然而精神已经无法支持，拿笔也用不上力气。家中子侄、门人的文章，一概不能批改细看，所以外甥的文章也来不及动笔修改了。苗兄、刘兄的文章很好，北方有这样的俊才，真是不容易，愧杀南方人了。看他们的志趣也不平凡庸俗，好像不甘心在时下没有作为，所以也用几句话来鼓励他们，等见面之时，再表达我的这层意思。医学方面的学问很难精通，而我只是以糊口为目的行医，就更加不精了。这个说来话长，等你回来见面的时候再说吧! 寄个便信，人家行程仓促，来不及多说什么，只愿你照顾好自己，对得起我在这里对你的遥远挂念。五舅亲笔，给大外甥。六月二十二日。

| 简注 |

① 尘壒 (ài) 婴逼：指的是清廷的博学鸿儒、山林隐逸的征召，迫使身为明遗民的吕留良不得不落发为僧，方才免于清廷的种种逼迫。

② 埭溪：埭溪镇，地处湖州市。

③ 搦 (nuò)：握，持。

| 实践要点 |

吕留良大略谈了自己的病症，削发为僧的尴尬处境，以及来不及完成《知言

集》的编撰等状况，还有学医并不那么容易等等问题，其实还是希望远在外地的大外甥读书专一，不要随意乱想什么别的行当。

二

男子志在四方，为行其道也。若漂泊，则何志之有？然一身犹可以自解，奈何以白发之亲流离塞上？倘有意外，不得遂首丘①之仁，是谁之责欤？甚至以故妇为辞，则三妃不从苍梧②，岂大舜反慈皇英之墓耶？若以新恩得所，乐而忘归，宁陷其亲于荒徼③，此尤与于不仁、不孝之大者，甥又何以自立于两间也？情切，故词直，惟甥勉之。十月九日舅字，与大甥。

| 今译 |

男儿志在四方，为的是实践自己所体悟的道义。如果只是四处漂泊，那又算得上什么志向呢？如果只是自己一个人还能理解，为什么又让白发的父母也跟着流离塞外？如果有个意外，不能满足他们的首丘之念，那是谁的责任呢？甚至以亡故的妇人（坟墓在那边）作为借口，那么三妃不跟随舜帝到苍梧，难道舜帝反要居守娥皇、女英的坟墓吗？如果是因为新的恩宠而得到新的居所，高兴而忘记

了回乡，宁可让父母埋在荒远的边塞，这更是最大的不仁、不孝，外甥你又怎样在这两者之间立足呢? 情真意切，所以措辞也很直白，只是希望外甥能够自勉。十月九日舅亲笔，给大外甥。

| 简注 |

① 首丘: 传说狐狸死的时候，头向着巢穴所在的山，后指怀恋故乡。

② 苍梧: 位于梧州市北部，东毗广东省肇庆市。

③ 徼 (jiào): 边塞，边界。

| 实践要点 |

好男儿志在四方，为了实践道义，这自然是对的，但是让父母也跟着漂泊于千里之外，万一不得落叶归根，那就是极大的不仁不孝了。当然这是在古代交通不发达的状况之下，对于现代人来说，如何孝顺父母自然要有所改变，然而不让父母遭受漂泊之苦，这也是需要考虑的。当然孝顺父母包括许多内容，除了尊敬父母，让父母过个安逸的晚年之外，还有子女在事业上的成功，在家庭上的幸福，总之，还得多为父母着想。这就是吕留良带给我们的启示。

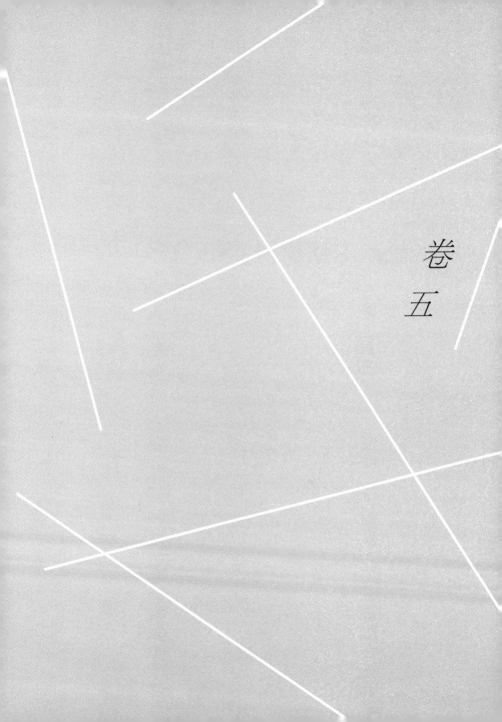

卷
五

晚邨先生小影

吕留良像

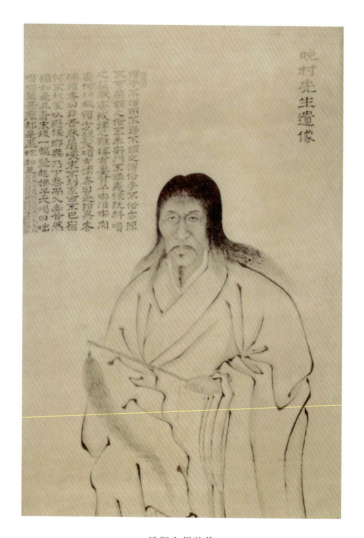

吕留良僧装像

吕留良《耦耕诗》手迹

釋陸兩截之無一言之及不知其意思何如故此
作古復此今書去京險路遠未必得見耳
筆十管奉同北歇風沙巨細難使於中
具紅袍四管為彼受相宜也諸凡珍重
老友晚良頓首

載臣賢友

好之筆乞盡惠
石下

吕留良与弟子书手迹

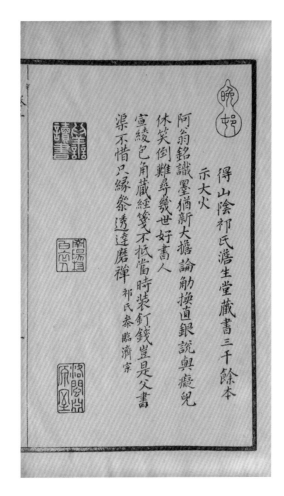

得山陰祁氏澹生堂藏書三千餘本
示大火
阿翁銘識墨猶新大膽論觔揆直銀說與癡兒
休笑倒囊買幾世好書人
宣綾包角藏經箋不抵當時裝釘錢堂是父書
渠不惜只緣綮透達磨禪　祁氏泰臨濟宗

《吕晚村先生家训真迹》书影一

苕晚已抵山同行者　錢王兩先生湖山

好友相對甚樂惟恐此樂之不能久蒙

中諸事汝宜努力料理務輕以擾我則

養志之道也先生到館若莊中未端正

且生縣間俟稍備葺兩往亦可惟　先生

指揮行之　顏子樂甚禮亦必請問

先生　徐親家作於十六日迎　凌先生應

《吕晚村先生家训真迹 》书影二

黑龙江吕氏家族祠堂

吕氏友芳园之牡丹石

吕晚村纪念亭

得山阴祁氏澹生堂^①藏书三千余本示大火

阿翁^②铭识墨犹新，大担论斤换直银。
说与痴儿休笑倒，难寻几世好书人。

宣绫^③包角藏经笺，不抵当时装钉钱。
岂是父书渠不惜，只缘参透达磨禅^④。

| 今译 |

/

祖父印在书上的铭文墨迹还新呢，这书就被大担大担地论斤卖出换作现银子了。说给你这个傻儿子听了也不要笑倒，一家几代都是好书之人的还真是难以寻出来呢！

用宣德绫来包角小心收藏着经籍笺牍，如今卖了换来的还抵不上当时装订所花的钱呢！难道是因为父辈传下来的书子孙不懂得爱惜吗？只是因为他们参透了禅学呀！

① 澹生堂: 明代绍兴府山阴县著名的藏书家祁承爜的藏书楼, 有著名的《澹生堂藏书约》等, 另有长印的铭文说:"澹生堂中储经籍, 主人手校无朝夕。读之欣然忘饮食, 典衣市书恒不给。后人但念阿翁癖, 子孙益之守弗失。"明亡之际, 藏书楼的第二代主人祁彪佳殉节, 其家人便将藏书移到了云门山化鹿寺。祁家后人或死或出家为僧, 藏书便开始散佚, 此时吕留良便托黄宗羲前去买书, 得三千多本。

② 阿翁: 对祖父或父亲的尊称。

③ 宣绫: 宣德时的绫, 花样丝料精致, 常被用于装帧书画或书籍。

④ 达磨禅: 此处原有自注"祁氏参临济宗", 另有版本作"祁氏参曹洞宗"。也就是说, 吕留良认为祁氏家族的后人因为参禅而不顾祖传之藏书了。祁承爜之孙、祁彪佳之子祁班孙, 在明朝灭亡之后, 因为牵涉反清的通海案而被流放宁古塔, 后来逃归, 为避免清廷的追捕而落发为僧, 号咒明林大师。

实践要点

读书人视书如命, 没有比得到好书更让人开心的了。吕留良得到澹生堂的三千多册藏书之后, 非常高兴地写诗纪念此事, 并以祁氏藏书之悲剧来警示吕葆中 (大火), 提醒其子爱惜自家的藏书。虽说几代好书的人家少有, 但是吕家后人被流放宁古塔后, 读书种子却一直都未断, 或教书或行医, 依旧顽强地维系着文化世家的命脉。

东坡洗儿诗牧斋作转语和韵皆讥言也因作正解和之示儿辈①

> 养儿须令极聪明，奸黠痴顽②误后生。
> 我道聪明还未透，沾沾止为一公卿。

| 今译 |

　　养了儿子总是希望儿子极为聪明，奸诈狡黠、痴愚顽固则会耽误孩子的一生。我说那些人的聪明还未真正透彻，沾沾自喜只是为了一个公卿之位吗？

| 简注 |

　　① 苏轼贬官之际，其侍妾朝云生子满月，他作有《洗儿戏作》："人皆养子望聪明，我被聪明误一生。惟愿孩儿愚且鲁，无灾无难到公卿。"钱谦益（牧斋）作有《反东坡洗儿诗》："坡公养子怕聪明，我为痴呆误一生。还愿生儿狷且巧，钻天蓦地到公卿。"

　　② 奸黠：奸诈、狡黠。痴顽：痴愚、顽固。

苏轼认为自己被聪明误了一生，吕留良则强调某些人沾沾自喜为做大官，虽是聪明但尚未透彻。也就是说，吕留良希望子孙正直、诚实，不要为了名利而不择手段，也不求高官厚禄，这才是真正的聪明。

井田砚铭与大火

仿古沟洫^①之意，画为井字，其式，先君子所创也，其石龙尾。

亦有村庄，亦有经籍。出冈冈甫，入田田尺。礼耕义种，学耨^②仁获。合耦谁钦？吾畬^③瓦石。陈修疆畎^④，尔勤斯食。耻翁，与大火。

| 今译 |

／

仿照古人田间水沟的意思，画成井字。这一款式，乃是我已故的父亲所创制的，这方砚是龙尾石做的。

也有村庄，也有经典书籍。走出山冈，山冈广大；走入田野，田野宽阔。遵循礼仪，读书修身，耕种、除草以及收获。谁能与我一起耦耕？我来开荒，清除瓦石。修整田地的边界与沟渠，辛勤劳作，方才得食。耻翁，写给大火。

① 沟洫（xù）：田间水沟。

② 耨（nòu）：除草。

③ 菑（zī）：开荒。

④ 畎：田间小沟。

| 实践要点 |

　　吕留良在一方绘有井田村庄的砚台上刻下铭文，寄托了他的耦耕理想，也即耕读人生。同时也在教育子孙，只有通过自己的辛勤劳作，才能享有收获。

哭阿彗文

痛哉，阿彗！今日汝死三朝矣。阿爷、阿娘、哥哥皆痛汝不忍舍。二伯伯、四伯母赐楮币①哀汝。父执吴五叔叔婶婶，亦遣人吊汝。今吾令汝乳母携果饵蔬饭祭汝，汝不能饮，令其握出乳汁以饮汝。痛哉，阿彗！

| **今译** |

痛心啊，阿彗！截至今日你已经死了三天了。阿爹、阿娘、哥哥都痛心你，舍不得你离开。二伯伯、四伯母赐了纸币来哀悼你。父辈中的吴五叔叔婶婶，也派人来吊唁你。现在我让你的乳母带着果品、蔬菜、米饭前来祭奠你，你不能饮酒，就让她挤出乳汁来给你喝吧。痛心啊，阿彗！

| **简注** |

① 楮（chǔ）币：纸钱。

| 实践要点 |

吕留良写作此文，其实是为了反省自己在孩子生病、看病这件事情上的种种失误之处，可见其为人之认真。

汝生面方，广额丰下，耳长垂珠，隆准①修眉，发顶黛绿，肤如冻肪，瞳如髹②漆。母抱汝前，十步之外目光及我，啼声震邻。项颈肩脊，屹如山立。两手常对握端拱，不自掉弄。其骨度庄凝如此，无一死法。生未十日，即能笑。数月以来，洞解人意，呼之相亲，即捧面哺口。吾有不释，母令为花鼻，即能蹙山根③作皱纹，口辅出缅④，以悦我。其聪明而孝如此，亦无死法也。阿暬，阿暬，汝何以死！

| 今译 |

你长得四方大脸，额头宽广、下巴丰满，耳垂长得可以挂珠子，鼻子高隆、眉毛修长，顶上的头发乌黑，肌肤白净如同凝脂，眼睛黑亮如同髹漆。你母亲抱着你走上前来，十步之外看到了我，哭声响彻邻里。你的脖颈肩脊，如山一般直挺。两只小手经常对握着，端端正正做着作揖的样子，不会随意调换姿势。你的气度端庄凝重如此，丝毫没有要死的道理。你出生不到十天，就会笑了。几个月来，善解人意，只要有人呼叫，你就与他亲近，就会捧着大人的面颊上去亲吻。我有不开心的事，你母亲让你做出个皱鼻子的怪样子，这样就能皱起鼻梁做出皱纹，加上面颊红晕，来逗引我开心。你是这样聪明而孝顺，没有一点要死的道理。阿彗，阿彗，你怎么能死呢！

| **简注** |

/

① 准：鼻子。

② 髹（xiū）：赤黑色的漆。

③ 蹙（cù）：聚拢，皱缩。山根：鼻梁。

④ 缬（xié）：两颊的红晕。

| **实践要点** |

/

此段记述彗儿种种可爱之处，更反衬出后面的种种遗憾。

　　汝初病痘，不八日而靥①，不十日而痂落，梅片疤白无苔痕。吾即惊忧，谓必有变。已而余气怒生，幸部位不犯要害，进参芪托里之药，疮虽未愈，而肌肉神气未曾减损，谓可不至死也。汝苦药，每服必强灌。见持茶盏至，即戟手②摇头，牙禁喉拒，捏闭汝鼻，勉进少许，宛转呼号。其难如此，以故汝母、乳母姑息煦妪③，见汝少安，便劝辍药。后之间断致危，迟迟报信，皆坐此也。

| 今译 |

你初次得水痘时，不到八天就渐渐退去，不到十天就结痂掉落，梅花瓣一样的疤痕很快就白净得没有一点痕迹了。我对此感到吃惊和忧虑，猜想一定会有病变。不久，遗留的病毒果然爆发出来，幸好没有伤到要害部位，给你服了参芪托里之药，溃疡面虽然没有痊愈，可是你的面色和神气并没有减损，无论怎样也不至于死啊！你不愿意吃药，每次服用都必须强行灌入。看见有人拿着茶盏走近，就摆手摇头，紧咬牙关，不肯吞咽，只好捏着你的鼻子，勉强喂进去一点，你便拉长声调哭啼不止。喂药如此之难，因此你母亲和乳母常常姑息迁就，见你稍有好转，就劝大家停止喂药。后来因为间断了用药，方才导致病情加重，他们延迟向我报信，都是这个原因啊！

简注

① 靥（yè）：本指酒窝，此处即靥靥然，指水痘渐渐隐退的样子。

② 戟手：用手指人，其形如戟。

③ 煦妪：爱护，关心。

实践要点

喂婴儿吃药很难，做父母的总是不忍心，其实这反而容易导致用药无效，病情加重。这是必须引起警示的。

> 六月十八日，吾以事须往杭州，念汝病不可离。时高旦中在海昌，遣人来迎黄晦木①，将同往苏州。吾因致书曰：彗儿病且危，弟欲暂入省，计驾从此至吴便道也，不戟②一跋涉，活此细命，晦木亦待于此矣。吾谓必足以致吾友，遂放心至杭。否则吾虽忍甚，岂能舍汝而去乎？杭州数日，不见家报，计已调理平复矣。因更淹数日写目③，市货有戏具字，馆人笑问，吾答以五儿病新愈，买以娱之也。孰意廿七之酉而有阿彗之信乎！吾问

哭阿彗文

阿墀，然后知次日海昌竟不至，但遣童迎晦木耳。童谩④云：廿三日且至，迟则廿六也。不谓汝病剧，于廿三日，身热洞泻，家人妄冀吴门之约，又望吾之归。因循五昼夜，变症蜂起，始遣墀报。吾冒暑奔归，已无及矣。此是吾方术之疏，而期人之过急，外务而不饬家人以速闻，使汝失治以死也。吾杀汝，又将谁尤？

| 今译 |

/

六月十八日，我因为有事必须前往杭州，但考虑到你的病我不能离开。当时高旦中在海昌，派人来接黄晦木，将一同前往苏州。我于是写信给高旦中说：彗儿病重而且有危险，小弟想尽快入省，估计尊驾从我这里前往吴地也是顺道，请不要吝惜前来走一趟，救活这条小命，晦木也在这里等待了。我想这封信一定足以请到我的这位朋友，于是放心地到了杭州。否则我即便非常忍心，岂能舍弃你而离开呢？到杭州好几天后，也不见家里来信，估计你已经调理恢复得差不多了。于是又在杭州耽搁了几天外出游玩，市场有卖演戏玩具的，店铺里的人笑问买这个东西干什么，我回答说因为我家五儿大病初愈，买了去让他玩玩的。谁能想到二十七日的酉时却有阿墀送来的信呢！我问阿墀，然后才知道第二天高旦中竟然没有从海昌赶来，只是派遣童仆迎接晦木。童仆撒谎说：二十三日会来，迟则二十六日一定来。不承想到你的病情加重，二十三日，身体发热，又伴有腹泻，家人还在不切实际地指望高旦中那边的吴门之约，也希望我能回去。因此而反复了五个昼夜，各种病症一起发出，这才派阿墀给我送信。我冒着酷暑赶回家，已经来不及了。这是我医术上的疏忽，也是期待他人又太过心急，只想着外边而没让家里人快速送信告知，这才使得你失去了治疗的最佳时机而死的啊！是我害死了你，又要去怪罪谁呢！

| 简注 |

① 高旦中：即高斗魁，号鼓峰，鄞县人，名中医，吕留良的友人，还曾向其学医。海昌：即海宁。黄晦木：黄宗炎，余姚人，黄宗羲的弟弟，也是吕留良的好友。

② 靳（jìn）：吝惜。

③ 写目：尽目力之所及，纵情观览。

④ 谩（mán）：欺骗，诬陷，浮夸。

| 实践要点 |

此处总结得很好，许多重要的事情，太过于依赖外人，计划得越周密其实越危险。故而还是要将事情控制在自己力所能及的范围内，且考虑到多种可能性，才能有备无患。

汝生于乙巳九月，至今才十月耳。吾名汝为"彗"，汝母曰：何用此不祥者？吾曰：乃其所以为祥也。今其果不祥耶！汝瞳子能自会于两眦①，吾又戏名曰"乌斗"。此二小名，吾每呼汝，汝目诺而口应者。将于晬日②命汝，正名曰"定忠"，此汝所未知也。今以语汝，汝其能应否耶？痛哉，阿彗！

遗衣委床，啼音在耳，汝母、乳姆哭声一发，刲心钵骨③，吾又何堪？行且权厝④汝于识村，嘱汝兄辈，异日吾没后，举汝祔于吾冢之侧，与汝相依，以志吾痛也。

你生于乙巳九月，至今才十个月大。我给你取名叫"彗"，你母亲说：为什么取这么一个不祥的名字？我说：就是因为这个字方才吉祥。现在看来果然还是不吉祥啊！你的双眸还会聚在眼眶内侧（斗鸡眼状），我又戏称你为"乌斗"。这两个小名，每当我叫你，你都能眼睛会意，口里应答。本打算等你周岁的时候再给你取个名字，正名叫作"定忠"，这就是你不知道的了。我现在来告诉你，你还能应答吗？痛心啊，阿彗！

你遗留的衣服还在床上，你的哭声还回响在耳边，你的母亲、乳母的哭声一发，我就感到剜心刮骨一般的悲痛，又怎么能够忍受得了呢! 准备暂且将你安置在识村那边，嘱咐你的哥哥们，将来等我死后，再把你合葬在我的坟墓旁边，与你相依相伴，以此来表达我的悲痛!

｜ 简注 ｜

① 眦 (zì)：眼角。

② 晬 (zuì) 日：婴儿满百日或满周岁。

③ 刲 (kuí)：刺杀，割。鈢 (shù)：刺。

④ 厝 (cuò)：指棺材停放待葬，或是浅埋以待改葬。

｜ 实践要点 ｜

取名为"彗"，本是通"慧"，但因为彗星往往一闪而过，故而以为不吉祥。做父母的取名字，似乎还得多考虑几层意思。

> 阿彗，第五，今同第八弟祔葬①识村，岁时亦祔食。公忠记。②

/

阿彗，排行第五，现在把你同八弟合葬在识村，每年到了祭奠的时候也正好可以袝食。公忠记。

| 简注 |

/

① 袝（fù）葬：合葬。

② 此为吕留良之子吕葆中（公忠）的补记。

补编

与董方白书

　　久不与贤者①相对，系念②无时，形之梦寐。得近札，知以馆谷③北留，较之奔驰，此为良矣。若得闭户读书，做些着实工夫，为益更不小。只恐此中应酬世故，又从而牧④之耳。此不必讲义理，只与论利害，则作宦之危，自不如处馆之安；宦资之不可必，自不如馆资之久而稳也。惟幕馆，则必不可为，书馆犹不失故吾，一为幕师，即于本根断绝。吾见近来小有才者，无不从事于此，其名甚噪，而所获良厚。然日趋于闪铄变诈之途，自以为豪杰作用，不知其心术、人品至污极下，一总坏尽，骄诣并行，机械杂出，真小人之归，而今法之所称光棍⑤也。究之所取，亦东坍西涨，有虚声无实际，岁月之间，消落如故，落得个终身狼藉耳。其家人见钱财来易，皆骄奢不务本业，则又数世之害，故不可为也。

很久没有与你会面，时常想念，甚至在梦中也会出现你的身影。得到最近写来的信，知道因为处馆而在北方逗留，比起四处奔波，这当然要好一些。如果得以闭门读书，做一些踏实的工夫，得到的益处更不会小。只是担心这其中的应酬与世故，从而又要去管许多事情了。这不必去讲义理，只要去讨论一下利害，那么做官的危险，自然不如处馆的安全；做官获得的资金不能说必定稳当，自然不如处馆的资金来的长久而稳当。唯独幕府中的处馆，必定不可以去做，教书的处馆还不失人的本色，一旦做了幕师，就会断绝做人的根本。我见到近来那些小有才华的人，没有不从事于幕师的，他们的名声很大，而所获得的受益也很丰厚。然而他们日益趋于言辞闪烁、变化欺诈那一路，还自以为是豪杰的做派，而不知其心术、人品已经极其卑污、下作，通通坏透了，骄狂、谄媚并行，巧诈、机心杂出，真是小人的一类，因而今日的法律所称之为"光棍"。追求他们的所取，也是东边坍塌而西边高涨，有虚假的声势而无实际的收效，一年年一月月的，又会零落成以前的样子，落得个终身狼藉。他的家人见到钱财来得容易，都骄纵、奢侈，不去从事本来的职业，如此则会祸害好几代人，所以不可做幕师。

| 简注 |

／

① 贤者：有才能的人，此处指代对方。

② 系念：挂念。

③ 馆谷：也即处馆，以塾师的束脩或幕宾的酬金而谋生。

④ 牧：治理，管理。

⑤ 光棍：《大清律例》中有光棍罪，指的是那些设法索诈官民的，如张贴揭帖、吓诈取财、谎言欠债等等。

| 实践要点 |

董杲，字方白，崇德人，康熙八年举人，曾任分水县教谕。其父董雨舟是吕留良的友人。其弟董采，字力民，又字载臣，也是吕留良的弟子。明清时期士人谋生，多半从事塾师或幕宾，吕留良认为塾师可以亲近书本，不失读书人的本色；幕宾则会涉及衙门里的种种事务，容易导致欺诈行为，从而败坏人品。这么说，真正强调的就是如何选择职业，因为好的职业引导人向上，这就不只关系到一个人，而是关系到一家几代人的道德的问题。这一说法当引人深思。

> 来札云，长安富人肯为捐纳①，以其输钱得官，于心未安而止。此固是矣，然贤者见识，于理尚隔一针。在今日而言，以文、以钱有以异乎？无以异也。若他人代为捐纳，则虽今日亦有所不可。使其人即不望报，我何义以处之？如其不能不望报也，则此官岂可为乎？辞受取予，立身之根本。足下不安于输钱，而反安于他人之

捐纳，此吾所谓差却一针也。滚滚马头尘中，自然无人物在里，亦不足较量，但足下自能高着眼孔，踏得脚住，则所望于贤者不轻耳。

来信说，长安的富人们肯为你捐纳，通过交钱而获得一个官做，总有点于心不安故而终止了。这当然是对的，然而你的见识，在道理上还隔了一层。就今日的形势而言，用文章、用钱财又有什么不同吗？并没有本质的不同。如果是他人帮助去捐纳，那么即便在今日也有所不可了。假使那个人本不指望报答，我又以什么道理来自处？如果那个人不能不指望报答，那么这个官职难道还能有什么作为吗？辞让与接受，获取与给予，这都是立身的根本。足下不安心于交钱，反而安心于他人帮助的捐纳，这就是我所谓的还差那么一层的意思。你看那滚滚的马前头的尘土之中（指俗世），自然没有什么像样的人物在里头，也不足以较量什么，但愿足下自己能够抬高一点眼睛、鼻孔，踏得住自己的脚跟，那么世人所期望于你的也就不轻了。

| 简注 |

① 捐纳：通过捐资、纳粟来换取官职、官衔。

吕留良对捐纳的不可为，分析得极其透彻。"辞受取予，立身之根本"，也就是强调，接不接受一个职位，或接不接受一份钱物，看似小事，其实关系重大。"高着眼孔，踮得脚住"，也就是说，站稳了脚跟，方能做一个堂堂正正的人。

仆迂病日甚，即邑里纷纷，俱不欲相近，看此世界中，真无一足把玩者。惟残书数种未了，思后来岁月无几，将屏弃一切，汲汲了此，此僧家之打包①者也。但恨同志稀少，无处商量。向日张佩琮②颇聪明细心，有志向上，欲引以为助，而天夺之遽。邑中止一吴自牧③，天资过人，近年德业日新，以为赖有此人，而七月间又以疾暴亡。看此气象火候殊不佳，顾影茕茕④，有口挂壁⑤，真无生人之乐矣。不知天意欲何如，数书又安能以一手一足成之也？言之可悲可痛。

| 今译 |

我的迂腐之病越来越厉害了，比如县里的纷纷攘攘，都不想去接近，看这个世界之中，真没有一样可以把玩的。唯独有残书多种未曾了结，想到将来的日子

不多了，所以将摒弃一切，急切地了却此事，这也就是僧人们所谓的"打包"。只是可恨同志之友稀少，没有地方商量。以前有张佩璁颇为聪明细心，有志于向上一路，想要请他来帮助，然而可惜老天太早夺走了他的性命。县里也只有一个吴自牧，天资过人，近年来品德、学业日益增长，想要依赖此人，然而七月间又因为疾病而暴亡了。看看这种气象、火候特别不好，环顾四周，身影孤单，默默无语，真是一点都没有活人的乐趣了。不知道天意又会如何，数种书又如何能靠我一个人完成呢？说到此处也实在是可悲可痛啊！

｜ 简注 ｜

① 打包：本指僧人行脚云游，所带行李不多，仅打成一包。

② 张佩璁：即张佩葱，字嘉玲，江苏吴江人，吕留良的好友张履祥的弟子。

③ 吴自牧：即吴尔尧，浙江桐乡人，吴之振的侄儿，不过长他六岁。

④ 茕（qióng）：孤独。

⑤ 有口挂壁：把嘴巴挂在墙上，形容默不作声，语出禅宗语录。

｜ 实践要点 ｜

晚年的吕留良，虽然也有几个友人一起切磋学业，然而友人也渐渐凋零。又因为身体的原因，需要编撰的几种书，也难以完成。所谓天才"成群而来"，一个人的成败，既在于自身努力，又在于友人相助，所以古今都十分重视交友之道。

令弟文字甚长进，志趣亦渐入高明，第苦无定叠^①
工夫，打成片段耳。嘉善柯寓匏到燕，曾相会否？此兄
质性极美，有意于正业，为文亦高雅无俗韵，华胄中绝
少者，只是门第习气重，世故深，摆脱不得，亦是无可
奈何。然素心奇赏^②，此意时时不泯，得闲即与商论，想
互有益也。

| 今译 |

/

　　你的弟弟文字水平很有长进，志趣也渐渐进入高明一途，只是苦于没有下一
段安定的工夫，形成完整片段。嘉善的柯寓匏到北京，曾有过相会吗？这位老兄
气质、性情极好，有意从事正道之学，写作的文章也高雅而无俗气，在皇皇华胄
之中也是绝少的人物，只是门第习气有些偏重，世故气有些偏深，摆脱不得，也
是无可奈何的。然而本心高洁、眼界独特，一心向学的意趣常在而不泯，如果得
空与他商量、讨论，想必相互会有进益。

| 简注 |

/

① 定叠：安定。

② 素心：心地纯洁。奇赏：独特的眼界。语出陶渊明《移居》"闻多素心人"与"奇文共欣赏"两句。

| 实践要点 |

人与人最大的不同，其实在于志趣、意趣之高下。此处提及的董方白的弟弟董采与柯寓匏都是有着渐趋高明、高雅的志、意，经过一段时间的坚持学习，就能够有所成就。所以教导年轻人，关键在于立志，心气高出俗流。

> 选文行世，非仆本怀。缘年来多费，赖此粗给，遂不能遽已。其中议论去取，未免招人憎忌。目下刻成《墨评》一部，中多直抹批驳，恐外间不无谣诼①，或别生是非，故尚游移未出，不知当复如何，幸②为我察之，得早见裁示③，恃为行止也。冗次率率不备，俟后再寄。

| 今译 |

评选时文而刊行于世，并非我本来的意思。只是近年以来花费较多，依赖此事也能略增补给，所以不能马上停止。那些评选之书中的议论取舍，未免招致他人的憎恨、忌讳。眼下刻成了《墨评》一部，其中多有直接涂抹、批驳的，恐怕外间的人不会没有造谣毁谤，或者另外生出是非来，所以还在犹豫而未曾发出去，也不知道还能如何。希望你为我观察一下，如能早日告知，就可以依此采取行动了。俗务太多，故此信匆匆不能尽言，等将来再细说吧。

/

① 谣诼 (zhuó)：造谣毁谤。

② 幸：希望。

③ 裁示：定夺并示知。

| 实践要点 |

/

吕留良担心时文评选引发外间的议论，或别生是非，故希望在北京的董杲帮忙观察一下形势。可见他既希望借时文而抒发议论、阐述思想，又不想引起太多的关注，内心颇为矛盾。

答柯寓匏、曹彝士书[1]

使归后，甫毕尘事，而小孙患痘殊剧，旬日来未免忧悬，忽忽无绪。昨晡[2]始有生意，得力疾展读，坐此迟爽，耿仄[3]何如。两兄文各负奇伟，寓匏天才骏逸，迥绝尘姿，多于酝藉[4]中挺潇洒不羁之致；彝士风骨雄劲，所向空阔，一瞬千里，不可捉搦。不谓于文字颒湅[5]时，睹此异材，又能闭户相砥砺，不屑稍近流俗，只此雅怀，已足千仞。乃冲襟[6]虚挹，问不择人。村子环顾其中，则皆君之所余也，又何以相益。

| 今译 |

使者归后，刚完成一些世俗之事，而小孙子患了痘症且非常剧烈，这十来天未免为此担忧，时光忽忽，毫无头绪。昨日申时刚开始有点恢复生机，得以快速展读两位的文章，因此回复晚了，内心十分不安。两位老兄的文章各自负有奇伟之才，寓匏天才俊逸，超越于尘世俗人，多在宽和之中挺力潇洒不羁的风致；彝

士风骨雄劲，指向空阔，一瞬间思接千里，不可捉摸。不承想能在此文章颓废、暗哑之时，看到你们这样的特异人才，又能够闭门读书，相互砥砺，不屑于稍稍接近流俗，只是这样的雅致胸怀，就足以壁立千仞了。竟然还胸襟澹泊，虚怀高揖，问不择人。我这个村夫再来反观自己，则都是得益于两位的余泽，又还有什么可相助益的呢。

| 简注 |

/

① 柯寓匏：柯崇朴，字敬一，号寓匏，通政使参议柯耸之子，浙江嘉善人。康熙十一年副贡，后官至内阁中书；康熙十八年举博学鸿儒，因丁忧未与试。著有《振雅堂集》。曹彝士：曹鉴伦，字彝士，号蓼怀，一号忝斋，浙江嘉善人。康熙十八年进士，授编修，晋侍讲学士；康熙四十三年由内阁学士升兵部右侍郎，历任兵部左侍郎、吏部左侍郎、山东顺天乡试主考。柯、曹二人都是吕留良的弟子。

② 晡：申时，下午三至五时。

③ 耿忝：内心不安。

④ 酝藉：也作蕴藉，含蓄，宽和，有涵养。

⑤ 澌 (sī)：同嘶，声音沙哑。

⑥ 冲襟：胸襟澹远。虚挹：虚怀高揖。

吕留良的才学在浙西一带有很大的影响，这两位嘉善的弟子寄来文章请教，他在对二人分别称赞一番之后，又说他们虚怀若谷而问不择人，自己却没有什么好助益的。这些虽是客套话，然而也可以看出吕留良对后学多有鼓舞。

无已，窃有所质。两兄之为此文也，其心有笃好，为文固当尔耶？抑外间风旨乍更，为决科①之利耶？笃好以为当尔，则志定而气坚，必有进而无退，不至于古人不止。彝士文有云："孤行无偶而不惧，举世菲薄而不惭。"此见道之言也。兄试自举勘，果不负斯语乎？若犹未也，则决科之意急，而为风气所拘也。风气有何定一？津要②倡论于上，朝行矣，升沉局幻，暮复变焉。为文而由此，则志惑而气躁。庸流乍撼之不动也，数钜公沮之稍动矣③，数名宿引之又动矣；或得或失，诱之挫之，则大动而不能自主矣。出门抱行卷④，自以为逢时，数十日抵郊衢，闻时尚又不尔，回惑失措，则今日所为，安知非他日所悔乎？文由心生，心正则文正，心乱则文乱，此不可不辨也。

/

不得已，我也有所请教。两位老兄之所以写作此文，是因为心里十分喜好，而认为作文本当如此？还是由于外面流行的风尚旨趣突然变更，为了科举应试的好处呢？内心笃定的喜好以为应当如此，则志向坚定而心气实在，必然只有前进而没有后退，不达到古人的境界决不停止。彝士在文章中说："孤独前行没有伴侣然而并不惧怕，世上之人都来菲薄而并不惭愧。"这就是见道的话了。老兄试着自我勘验一番，果然不负这一句话吗？如果还没有，就会由于科考的意图急切，而被风气所拘束。风气有什么一定的方向？关键的人物倡导议论于上头，早晨实行了，升降变幻，傍晚又再度变化了。作文而被风气影响，就会志向迷惑而心气浮躁。庸俗的人突然摇撼，他们不会动心；数位名家巨公出来阻止，他们就会稍微动动；若是数名大家加以引导，他们就又动了。或得或失，诱导之挫败之，那就大动而不能自主了。出门抱着行卷，自以为正逢其时，数十日抵达郊外大道，听说时尚又不如此，回头又迷惑失措，那么今日的所作所为，怎么知道不会是他日所后悔的呢？文章应当由心而生，心正则文正，心乱则文乱，这是不可不辨的道理。

| **简注** |

/

① 决科：指参加科举考试。

② 津要：比喻关键要旨或身居要职的人物。津，原指渡口。

③ 钜公：巨公，大人物。沮：阻止。

④ 行卷：参加科举考试的士子提前将诗文写成卷轴，呈给达官贵人以求延誉介绍。

| **实践要点** |

吕留良论文章，首先指出的就是为什么而作文？如果内心喜好，那就是"文由心生"；若是为了科举应试，那就会跟随外面风尚的变化而变化。他还强调，其实流行风尚最不确定，往往视一二关键人物而定，容易使人迷惑。所以必须坚定自己的志向、心气，从内心出发，向古人学习，方才是真正的作文之道。这一点值得所有写作者思考。

某之论文，亦止如此，未尝期其书之必行世，世之从吾言也。适与时论相凑，谓其功足变风气，为近日选家之胜，此某之深耻而痛恨者也。但使举世噪骂，取以覆瓿粘壁，锢其流传信从，如苏氏乌台案①、朱门伪学禁②，莫不拒绝远避。而有人焉，独以为不可不业此。此则某之论文果有功，而其不止于文者，亦骎骎③尽出矣。两兄于此，得毋犹有所疑乎？

/

我的那些评论文章之书，也只是如此而已，未曾期待它们必然流行于世，世人必然听从我的话。恰好与时下的论调相互凑合，说那些评选之书的功劳足以改变风气，是近来文章评选家之中最好的，这是我深以为耻而痛恨的事情。哪怕使全天下人骂我，拿我的书来覆盖瓦罐、粘贴墙壁，禁锢那些书不让其流传、不让读者信从，如同苏轼的乌台诗案、朱熹的伪学被禁，没有不敬而远之的。然而也还有人，独独以为不可不从事此书所说的。做到这样，才能说我的时文评选确实有功于世，而文章之外的思想，也会渐渐影响世人。两位老兄对此，该不会还有什么疑惑吧？

| 简注 |

/

① 苏氏乌台案：宋神宗时，苏轼被人诬陷讽刺变法，侮慢朝廷，因诗而获罪。因为经办此案的御史台俗称乌台，故称乌台诗案。

② 朱门伪学禁：又称庆元党禁。宋宁宗庆元元年，韩侂胄专政，赵汝愚被贬，朱熹、彭龟年等上奏，于是韩将与其意见不合者都视为道学人士，称道学为"伪学"，将道学人士列入伪学逆党籍达六年之久。

③ 骎骎：形容马跑得快，疾速。

吕留良从事八股时文的评选，且他的议论之中暗含着自己重新诠释的程朱理学思想，然后能与"时论相凑"，改变风气，影响士人。他也担心自己出版的评选集子还是被当作了谋求仕途、功利的桥梁，这是他所痛恨的。故而说最好自己出版的那些集子被人覆瓿粘壁、被人禁锢，只有少数人体会其中深意，理解那些"不止于文"之处。其实他说的还是文以载道的思想，只知道文辞之好坏是不够的，还必须要知道思想和人心。

前在金陵，有时贵相识者，欲某定其房稿①，曾有绝句云："自古相知心最难，头皮断送肯重还。故人今有程文海，莫便催归谢叠山。"②此心言也，两兄深知此意，至燕市③绝不齿及。若有问者，第云"衰病，事事颓废，更无足道者"，则知我爱我之至也。

| 今译 |

前几日在金陵，有一个与我相识的显贵，想要我去选定他的房课稿子，我当时曾写了一首绝句说："自古以来相互知心总是最难，我是宁可断送头皮也不肯重回科考仕途了。故人当中如今也有人像元代的程文海，那不是要催着我这个谢叠

山早早回乡隐居吗？”这些是我的心里话，两位老兄应当深知其中的意思，到了京城也绝不会跟他人提及的。如果有人问起我，只说"此人衰老多病，事事都很颓废，已经没有什么值得称道的了"，那么就是知我爱我的最好表现了。

┃ 简注 ┃

① 房稿：又称房书，明清时期八股文评选的集子。

② 断送头皮：断送性命。苏轼《东坡志林》："昔年过洛，见李公简，言：真宗既东封，访天下隐者，得杞人杨朴，能诗。及召对，自言不能。上问：'临行有人作诗送卿否？'朴曰：'唯臣妾有一首云：更休落魄耽杯酒，且莫猖狂爱咏诗。今日捉将官里去，这回断送老头皮。'上大笑，放还山。"程文海：字钜夫，江西建昌（今南城）人，宋亡入元后任集贤直学士，曾兴建国学，搜访遗贤。谢叠山：谢枋得，号叠山，江西弋阳人，宋亡后隐居，后绝食而死。此诗即《得孟举书志怀》其三。当时投靠清廷的吕留良故人龚鼎孳想推荐吕留良去北京评选房稿，吴之振（孟举）代为拒绝，故吕留良诗中称吴为知心人，又以程代指徐倬，以谢自比。

③ 燕市：指北京。

┃ 实践要点 ┃

作为遗民，吕留良虽然从事时文评选，但根本不想助力于科举仕途，更不想去北京这样的地方参与评选，他只想通过秀才们必然接触的选本，传播程朱理学的思想，这一层意思是当时许多故交所无法理解的。吕留良与两位后学如此说，是希望他们保持个人的独立精神，不随波逐流。然而事实上，无论古今，坚守独立之精神，都是最难的。

与柯寓匏书

把别忽已经年，某衰病侵寻①，呕血不已，而尘壒垒集②，去除不能，遂于夏间削顶为僧，自名耐可，号曰何求，更字不昧。行径如是，想足下闻之，不直一笑也。带水暌隔③，令祖母之变绝不相闻，有失奉慰，歉然歉然。

／

分别忽忽已经多年，我渐渐衰老多病，吐血不能停止，然而世上的尘埃聚集，总不能去除，于是在夏天的时候削去顶上的头发而成了僧人，自己取法名为耐可，号为何求，改字为不昧。这样子的行径，想必足下听说之后，不值一笑了。由于两地分隔，使得你祖母变故的消息无从得知，有失慰问，抱歉，抱歉！

│ 简注 │

／

① 侵寻：渐进发展。

② 尘壒（ài）：尘埃，此处比喻当年清廷的山林隐逸之征召。坌（bèn）集：聚集。

③ 带水：指石门县到嘉善县距离不远。暌（kuí）隔：分隔。

康熙十九年，吕留良为了逃避清廷山林隐逸之征召，不得已而削发为僧。其实他一生都厌恶僧人，不得不逃禅，其内心是极为痛苦的。为了守护气节而态度如此决绝，这在当时渐渐蜕变的遗民群体之中，也极为难得。

足下天性粹美，气宇浑厚，自是远器①，第向来习染深锢②，不易解脱，未免担阁耳。今乃于读礼③静处，奋然发学道之志，可敬可喜。所谓近世学者，患在直求上达，此总是好名务外，徒资口耳，于身心实无所得。至目前纷纷，则又以之欺世盗名，取货贿营进取，更不足论也。要之，真欲为此学，须是立志得尽，下手便做，不但求辨说之长，始得从上。圣贤道理已说得详尽，又得程、朱发挥辨决，已明白无疑，今人只是不肯依他做，故又别出新奇翻案耳。

足下的天性纯粹而美好，气概浑厚，自然是能够担当大任之人，只是一直以来受到外在习气的深度影响，不容易解脱出来，未免耽搁了修养工夫。如今你居丧静处，奋然勃发求道之志向，可敬也可喜。近代以来的那些所谓学者，他们的病患在于直接寻求上达性天之道，这都是好名声的表面功夫，徒然利于口耳之说，对于身心修养实际上并没有真正的利益。到了目前学者更为杂乱，又以那些表面功夫欺世盗名，用各种货色贿赂谋求进取之道，这就更不用说了。概要而言，真想要从事求道之学，必须要立志在根本处，下手去践行，不能只求在论辩上擅长，才能得以提高修为。圣贤的道理都已经说得很详尽了，又得到二程、朱熹等人的发挥、明辨、决断，已经明白无疑，今天的学人只是不肯依照他们去做，故意又别出新奇的翻案说法而已。

简注

① 远器：远大的气度，能担当大事的人。

② 深锢：也作深痼，比喻积习难返。

③ 读礼：指守丧，这里指柯寓匏居祖母之丧。

实践要点

此处所说的"直求上达"等，主要是指明代中期以来影响极大的王阳明心学所谓的直指本心等说法，与佛道玄妙之说的修养方法相近。学者往往喜好谈论这些，然而在道德实践上却做得很不好，所以吕留良对此多有批评，并且强调不要去多谈理论，而要努力从当下就去实践，依照圣贤的话去做，不被新的翻案理论所迷惑。其实每个时代的人，都喜欢新奇之说，不肯踏实地做，这是最为根本的弊病。所谓理论是灰色的，千条万条理论，不如只用一条去实践。

所谓至简至当，岂有外于《四书》《五经》者？只是做时文人看去，只作时文用；为诗古文者看去，只作诗古文用；若学道人看去，便句句是精微正当道理，更何经书之有哉？第程、朱①之要，必以《小学》②《近思录》③二书为本，从此入手，以求《四书》《五经》之指归，于圣贤路脉，必无差处。若欲别求高妙之说，则非吾之所知矣。要之，此事须面谈，非笔墨所能达也。

| 今译 |

所谓最简略最得当的道理，难道有在《四书》《五经》之外的吗？只是在写作八股时文的文人看来，只将那些书当作时文的材料来用；在作诗歌、古文的文人看来，只是当作诗歌、古文的材料来用；如果是学习圣贤之道的人看来，便会觉得句句都是精微而正当的道理，此外还有什么别的经书呢？只是二程、朱熹的指

要，必须先以《小学》《近思录》两种书作为根本，从这里入手，再去寻求《四书》《五经》的指要、主旨，在圣贤之道的路径、脉络上，就必然没有什么差错了。如果想要另外寻求高妙之说，那就不是我所知道的了。概要而言，这件事情必须当面谈谈，并不是笔墨所能够传达的。

| 简注 |

/

① 程、朱：宋代理学家程颢、程颐兄弟与朱熹的简称，他们的理学被称为程朱理学，是宋元明清时期影响最大的哲学思想。

②《小学》：朱熹及其弟子所编的，教育儿童如何处事待人、洒扫应对进退的启蒙读物。

③《近思录》：朱熹与吕祖谦所编的理学入门读本，将周敦颐、张载、程颢、程颐的语录，以十四个类别重新编排。

| 实践要点 |

/

吕留良进一步又指出，圣贤之道，其实就在文人们熟知的《四书》《五经》之中，不必去找各种杂乱的讲学语录来读。然而在读《四书》《五经》之前，还有必要依照二程、朱熹的指导，先读入门的《小学》与《近思录》这两种书，有了入门的方法，才能更好地理解经典。入门的功夫必须扎实，这一点是所有学习者都必须讲究的，所以必须寻找适合的老师。

《明史提纲》从未卒业，不详其书得失。向见范洧川^①《御龙子集》及所论历法奏疏，知是读书博辨^②之人，疑其书必有异，故留此欲待稍暇。今承索取，附使奉还，他时有遗力及史事，尚冀借看也。《学蔀通辨》^③取归，复为他友借去，近闻平湖顾苍岩^④已刻板印行，则购求亦甚易耳。又荷珍惠，深愧何以当此，感谢感谢。使者遽旋，草草未尽，俟晤言，不一。

| 今译 |

《明史提纲》从来没有读完过，不了解此书的得失如何。曾经见过范洧川的《御龙子集》及其谈论历法的奏疏，知道他是一个读书而广博、明辨的人，怀疑他的书必定有许多异于常人的地方，所以留下这部《明史提纲》想等有空就继续再读。如今接到索取，让信使附带上奉还，将来如有精力再涉及历史方面，还希望能借来看看。《学蔀通辨》取回来了，又被其他的朋友借去，近日听说平湖的固苍岩已经将此书刻板刊印发行，那么购买也很容易了。又蒙珍贵的惠赠，深感惭愧，不知道该如何担当厚礼，感谢感谢！送信的使者马上就要回去，草草书写未尽之言，等着将来会晤，不再多说了。

/

① 范洀川：范守己，字介儒，号岬云，又号御龙子，河南洀川人，万历二年进士。历任山西提学、陕西参政、太仆卿总理钦天监等。著有《御龙子集》七十七卷、《明史提纲》四十三卷等，后者朱彝尊有跋。"御"原误作"拳"，《吕留良全集》已改正。

② 博辨：即博辩，雄辩。

③《学蔀通辨》：明代理学家陈建所著，该书以朱熹的思想来辨析陆九渊、王阳明的心学以及佛学之非。

④ 顾苍岩：顾天挺，字崧来，号苍岩，浙江平湖人。与吕留良的友人陆陇其同为康熙九年进士，受陆陇其影响而校刊《学蔀通辨》，另著有《苍岩集》。

| 实践要点 |

/

吕留良此处提到的书，一是明代的史书《明史提纲》，一是用程朱理学的观点来批评陆王心学的书《学蔀通辨》。因为他曾读过明代范守己的其他著作，故而向柯寓匏借得《明史提纲》之后，就想着此书的某些论点不会没有不同寻常之处。此处的由此及彼，重视独特思想观点的读书方法，值得注意。至于陈建的《学蔀通辨》，平湖顾氏重刊此书，固然是因为陆陇其的提倡，其实与吕留良与陆陇其的嘉兴之会也有关系。此次会谈，使得陆陇其转变为坚定的程朱理学信奉者。友人之间的相互影响，有时候是至关重要的，特别是在思想信仰上。

与吴玉章书

山中遽^①归，惟虑后期爽订，抵舍不见信息，知非吉征，不谓果罹^②大故。思惟至性^③崩摧，何以堪此。又闻有伤体之事，不禁爽然^④。伏念数年相与，且谬有师弟之称。自恨平时不能指陈正道，推明礼意，足下聪明果毅，必奋然以圣贤之孝道为归，不至毁性灭义，不以礼事其亲如此。此非足下之过，而某之罪也。夫复何言！

| 今译 |

从山中匆忙回来，唯独担心后来会爽约，到了家中不曾见到留下什么信息，就知道不是什么吉兆，没想到果然遭遇了大的变故。想到你内心受此打击，则何以忍受这样的情形呢？又听说有伤害身体的事情，不禁心中怅然若失。想到这几年来的相处，姑且也有老师、弟子之称。我也恨自己平时不能指明正确的道路，推理讲明孝亲礼仪的本意，以足下的聪明与果敢、刚毅，必定奋然而以圣贤的孝道为指归，不至于毁灭人性、道义，不以礼仪来对待亲人到如此的地步。这也不是足下的过错，而是我的罪过。真不知道该说什么了！

① 遽 (jù)：匆忙，仓促。

② 罹 (lí)：遭遇苦难或不幸。

③ 至性：天赋的秉性。

④ 奭 (shì) 然：消散的样子。

| 实践要点 |

/

吴玉章是吕留良的弟子，生平不详。此信说到他为了表达其孝心而毁伤身体，做了类似刲股断臂的事情。吕留良认为这也是自己的过错，未能将圣贤的孝道、礼仪的本意等讲解明白，以至于吴玉章做了愚昧不堪的事情。其实类似《二十四孝》之类的典故，在教育子女的时候都要讲明其中不合情理、类似神话故事的地方，方才不会错误地去实践。

夫人子于亲，苟①可以致心竭力于踵顶②，岂有爱焉。然古来称至孝者，帝王中无如虞舜，贤士中无如曾舆矣③。乃一则父置之死而不死，一则慎保手足而无敢伤。思此一圣一贤，于父母病革④时，岂于身有所惜，于心有所未尽，于此事有所不能，以遗后人以突过⑤

哉？亦以止于孝之道，有所不可也。礼于居丧瘠毁，尚比不慈不孝，故衰麻有期，哭踊有节⑥。若任心行之，以不孝为孝，亦复何所不至。近世不明礼义，刲股⑦断臂之事，纷纷多有。正人君子，亦尝深论其非，而流俗溺惑，锢不可解。然犹多出于无知之氓，正赖读圣贤书如玉章者，有以救正之耳。奈何不务法虞舜、曾舆之事亲，而下效愚夫愚妇之所为？岂愚夫愚妇之为，反有加于虞、曾者耶？

| 今译 |

人子对于亲人，如果身体上可以尽心竭力，难道还有什么可以爱惜的吗？然而自古以来被称为孝顺的，帝王之中没有人超过虞舜，贤士之中没有人超过曾舆。他们两人，一则父亲置他于死地而不曾死去，一则谨慎地保护手足而不敢有所毁伤。想到这一圣一贤，在父母病入膏肓的时候，难道会对身体有所爱惜，而不尽心，对此事不竭尽全力，以至于留着让后人有机会去超越吗？也就因为止步于孝的道义，故而才会有所不为。按照礼仪，在居丧的时候，身体瘦弱毁伤，还被认为近于不慈不孝，故而丧服有一定的期限，哭踊之类也要有所节制。如果任凭内心去做，将不孝当作孝，也就会无所不至了。近代的人不懂得礼的本义，割股、断臂之类的事情，乱纷纷的也有很多。正人君子，也曾经详尽地讨论过其中

的不对之处，而流俗之人却依旧沉溺、迷惑，实在是不可理解。然而这大多还是出于无知的百姓，正要依赖于读圣贤之书的诸如玉章这样的人，来加以救治、纠正他们呢！为什么不去效法虞舜、曾舆的事亲，而去向下效法愚夫愚妇的所作所为？难道愚夫愚妇的作为，反而胜过虞舜、曾舆吗？

│ 简注 │

① 苟：如果，假使。

② 踵顶：头顶与脚跟，指代身体。

③ 虞舜：舜，妫姓，有虞氏，名重华，古代的圣君。曾舆：曾子，名参，字子舆，孔子晚年的弟子，传说著有《孝经》。

④ 病革：病势危急。

⑤ 突过：高出，超越。

⑥ 衰麻：即衰衣麻绖 (dié)，用麻做的丧带，在头上为首绖，在腰为腰绖。此处指代丧服时期。哭踊：丧礼之一，也即顿足拍胸地哭泣。

⑦ 刲 (kuī) 股：割股，即割大腿肉来给亲人治病。

│ 实践要点 │

吕留良进一步将愚夫愚妇的割股事亲之类所谓的孝，与虞舜、曾舆的大孝作了比较，并指出虞舜、曾舆这样的孝子并未割股，可见此类行为是不可以的。而且强调，按照礼仪，即便在丧服之中也当有所节制，不可以无所不至。通过这一对比，吴玉章自然就能明白自己行为的不足了。在教育活动中，最需要的就是比较，许多事情单独看待则比较糊涂，一旦有了比较，也就明晰了。

今玉章此举，震动颛蒙①，流俗无知转相传诵，惑世诬②民，为害非细。四方有道之士，必指某而斥之曰："夫夫也，固尝与之游矣。其为邪说然耶？其告之不忠耶？"某亦诚无所辞，独负疚无分毫之益于足下，侈然③以师道自居，真愧悔难安耳。成事不说④，今复何言？惟足下勉自爱，率慰⑤不具。

| 今译 |

今日玉章的这一举动，震动了那些愚昧的人，流俗无知者往往会相互传诵，迷惑世道，欺骗小民，为害不小。四方有道的士人，必定会指着我斥责说："这个老夫子呀，原来还曾与他有过交往呢！这是因为他也认为那种邪说是对的呢？还是他对于弟子的告知不够忠实呢？"我也诚然不知该如何回答了，独自负疚不能有分毫可以有益于足下，却傲然地以师道而自居，真是惭愧懊悔难以安心了！已是既成事实，也就不去说了，如今还要多说什么呢？唯独希望足下勉励自爱，劝慰的话也就不多说了。

① 颛（zhuān）蒙：愚昧。

② 诬：欺骗。

③ 侈（chǐ）然：骄纵，自大。

④ 成事不说：语出《论语·八佾》："成事不说，遂事不谏，既往不咎。"

⑤ 率慰：劝慰。率，劝导，引导。

| 实践要点 |

　　吕留良特别强调，吴玉章的行为对于愚昧无知者很可能会产生一些不良的影响，自己也一再表示负疚之意，并希望他能够自爱自重，不再犯错。作为老师，指出学生有错的同时，也指出自身的失职，这样进行教育，学生就比较容易接受。

与吴玉章第一书

与足下交数年矣。足下固执谦节，初不得辞，然尝自疑以为其趋不一，终不能有益于足下，必成两悔，时机机^①不自安，今乃渐觉其果信也。

今译

与足下交往已经数年了。足下坚持对我谦逊有节，起初不能推辞，然而我自己也曾有所怀疑，以为我们的治学趋向不一样，终究不能有益于足下，必然使得两人都后悔，故时常不能自觉心安，如今就渐渐觉得果然如此了。

简注

① 机机：心境不安的样子。

吕留良对参加文会的子侄、弟子有很高的期望，也严格要求。下文所说的面会文字，大约指的是在他所组织的文会之中约定上交的文章。关于吕留良组织的文会，详见《力行堂文约》。另在《与陈大始书》中也提及吴玉章"前会不作文逸去"，不愿"游艺"，故而说二人的趋向不一。师生交往，也会有真实的志向并不一致等问题发生，故而要慎始善终，有问题则明辨其中原委。

昨自山中归，独不见足下面会文字①。问之舍侄②，云足下先数日过舍，至期不作文而去，强之不可。且与舍侄言，大约谓"诸子皆游艺③，己不欲游艺者，故不为"，其立说甚高；再则曰"即为之，必不能胜诸子，故不为"，其说又益下。然高与下总不足论。即作文不作文，犹小节耳。独以足下之病在心者深锢，其本指与某相背谬④，故不得不一直告也。

| 今译 |

昨天从山中回来，唯独不曾见到足下在文会活动时当众写作的文章。问了我的侄儿，说足下前几日来到我家，到了期限却不作文而离去，强令写作也得不到

回应。而且与我侄儿说了，大约的意思是"诸位学子都想'游于艺'，而自己不想成为'游于艺'的人，所以不想作文"，这一说法立意很高；再问则又说"即使写了作文，必定不能胜过诸位学子，所以不想作文"，这一说法又立意比较低了。然而无论高与低，这个理由总是不能成立的。即使作文或不作文，仍旧只是小节。只是由于足下内心之病病根深固，其中的根本主旨与我相违背，故而不得不直言相告。

简注

① 面会文字：学子们聚会当中所写的作文。面会，相见，会面。

② 舍侄：即吕留良的侄儿吕至忠。

③ 游艺：即《论语·述而》所说的"游于艺"，从事礼、乐、射、御、书、数等六艺之学，此处当指词章之学。

④ 背谬：悖谬，违背。

实践要点

吴玉章为自己的不想作文编造了一高一低两条理由，这在吕留良看来都是不能成立的，因为在根本思想上有问题，于是便详细驳斥，还是希望对吴玉章有所警示。教育学生，必须要明白其行为背后的思想根源，从根源上加以辨析，方能真正解决问题，有利于学生的发展。

凡某之欲诸友为文，非以希世^①猎名，争区区词章之末也。人之乐有师友，蕲^②明此理而已。理之明不明何从辨，必于语言文字乎？辨之，知其所明者若何，未明者若何，而后得效其讲习讨论之力，故曰"君子以文会友，以友辅仁"^③。既曰"辅仁"，第^④须于仁乎取之，何事于文哉？盖言者，心之声也；字者，心之画也。心有蔽疾隐微，必形于语言文字，故语言文字皆心也。惟告子自信其心，不复求义理之是非，分内外为二，故云"不得于言，勿求于心"^⑤。而孟子直辟以为不可，而自举其所学，曰"我知言"。今观孟子之语言文字何如也，斯岂亦游艺所得耶？且吾所欲为文，非"艺"也。

| 今译 |

／

大略来说，我想要诸位友人作文，并非用以迎合世俗、获取名声，争抢这区区词章上头的毫末东西。人生的快乐在于有老师、有友人，祈求明白其中的道理而已。道理的明不明白从什么地方来分辨，必定在于语言文字吗？辨析道理，知道其中自己所明白的有些什么，未曾明白的有些什么，而后得以效法这些道理，在讲习、讨论之中可以得力，所以说"君子以文会友，以友辅仁"。既然说"辅仁"，是不是只要在仁德上头去获取，又何必从事于文章呢？语言，是心里头的声音；文字，是心里头的图画。心里有了掩饰的疾病与隐私，必定会体现在语言文字之中，所以语言文字也都归属于心。唯独告子自信他的心，不再去寻求义理上的是非，将内外区分为二，所以告子要说"不得于言，勿求于心"（认为不必通过语言来探究人心的道理）。然而孟子对这句话直接加以批评，认为这是不可以的，而又直接举出他所学到的，然后说"我知言"（认为通过语言可以探究其中的道理）。如今去看孟子关于语言文字的看法如何，这岂是"游于艺"所能得到的？况且我所希望写作的文章，也并非是"艺"！

| 简注 |
/

① 希世：迎合世俗。

② 蕲（qí）明：祈求说明。

③ "君子"句：语出《论语·颜渊》，是说君子通过交流文章结识朋友，通过朋友协助提升品德。

④ 第：只，仅仅。

⑤ "不得于言"句：语出《孟子·公孙丑上》所引告子的话，意思是说，两个人在语言上都不能达到和谐，就更不能指望知道他们的心里了。

| 实践要点 |
/

吕留良首先强调，要弟子们写作文，并不是为了词章之艺，不是为了获取名声，然后指出语言、文字与人心的关系，并引用"以文会友，以友辅仁"等说法，说明语言文字的写作，就是人心的体现，故而通过语言文字上的讲究，可以提升仁德。现代人讲语言文字的创作，往往不够重视其与内心的关联，与品德养成的关联。其实就内心的流露而言，写作以及讲解，是一条非常好的教育途径。

《论语》之所为"艺"，注①曰："礼乐之文，射、艺、书、数之法。"文者，指其仪节言；法者，指其技术言。若礼乐之本，射、艺、书、数之理之所以然，则亦非"艺"之可名矣。故朱子特注"文""法"二字，乃所谓末也。然且学者必须游习以博其趣，是则吾道无内外、精粗之可分也益明矣，况以程、朱之说，上求孔、曾、思、孟之指，能体会其义而发明焉，则为佳文；不则相与辩驳，极尽以期有合，此亦"格致"之一道也。奈何以"艺"之一字抹搽之哉？足下谓诸子皆"游艺"，盖讥诸子之不"志道、据德、依仁"②也。诸子于存心、力行③之功，诚有所未逮，然从此见理日明，其后亦未可量。

| 今译 |

《论语》之中所说的"艺"，注里头说："礼乐之文，射、艺、书、数之法。"

文，就是指礼仪节目而言；法，就是指技术而言。如果说礼乐的根本，射、艺、书、数中的道理之所以如此的原因，则不是"艺"这个名称可以限定的了。所以朱子特意注释了"文"与"法"两字，也就是所谓的末学。然而学者必须通过"游于艺"的作文学习，从而广博自己的意趣。如果其中的道理是对的，那么说明我的道并没有内外、精粗之类可以去分隔也就更明白了，何况以二程、朱子的学说，向上而寻求孔子、曾子、子思、孟子所指的，能够体会其中的义理而又有新的发明，就是好文章；如果其中的道理是不对的，相互之间进行辩难、驳斥，极尽可能从而寻求有所相合，这也就是"格致"的一种途径了。为什么要用"艺"这一个字抹杀作文的价值呢？足下要说诸位学子都是"游艺"，大约是讥讽诸位学子不能"志道、据德、依仁"吧！诸位学子在存心、力行上的用功，诚然有许多未曾做到的地方，然而从作文上头如果能够见识得道理日益明晰，那么此后也是未可限量的。

| 简注 |

① 注：指朱熹在《四书章句集注》之中对"游于艺"的"艺"字的注释。
② 志道、据德、依仁：语出《论语·述而》："志于道，据于德，依于仁，游于艺。"
③ 存心、力行：用心专心、奋力践行。

| 实践要点 |

进一步分析"艺"字在朱熹的注释里的含义，然后再强调通过"艺"，也即作

文，来考验学习者是否理解了《四书》正文或注释之中二程、朱子以及孔子、孟子等圣贤所讲的道理。其实就是指当时的士人写作的时文，即以《四书》中句子为题发挥自己的理解。写作，如果作为一种体会、发挥古代圣贤书中道理的途径，对于修养自然极有帮助。此类写作似乎被现代教育遗忘了，其实这种读书修身之道，还是值得倡导的。

> 前在山中观足下所为文，爱其笔力夭矫、曲盘[①]，固亦未尝不能文也，特于义理有未然，故抑摘其谬误以相告，是足下工夫所少，正于"志、据、依"[②]处有不的[③]耳。其所以不的，正于文字义理不精察，则志非所志，据非所据，依非所依耳。病在是而不思治，亏欠在是而不求益，悍然以为吾自有所得，乌用是！是病者日益病，而亏欠者日益亏欠，以至于消亡也。且足下自谓，于存心、力行根本，有实得乎？则其语默、作止之间，必人皆得而验之。

| 今译 |

前段时间在山中看到足下所作的文章，很喜爱其中的笔力屈伸有势、曲折迂回，固然也并不是不能写好文章，只是在义理阐发上有些不够恰当，所以摘出其中的谬误相告于你，如是来看，足下的工夫所缺少的，正在于"志、据、依"等地方做得还不够好。至于其所以未能做好的原因，正在于对文字当中的义理没有精切体察，所以志并非所应之志，据也非所应之据，依也非所应之依。病痛在此处而不想去根治，亏欠在此处而不求去增益，悍然认为我自然会有所得，何必在此处用功! 这也就是生病的病得越来越严重，而亏欠的也亏欠得越来越多，以至于逐渐消亡。而且足下自己想想看，在用心、践行的根本之处，有实实在在的受益吗? 如果有，那在说话、沉默或做事、停止之间，必定人人都可以验证。

| 简注 |

① 夭矫: 屈伸自如而有气势。曲盘: 曲折盘旋迂回。

② 志、据、依: 也即"志于道、据于德、依于仁"的简称。

③ 不的: 不确切，不实在。

| 实践要点 |

此处从"志于道，据于德，依于仁，游于艺"四者的相互关系，也即语言文字与内心的相互关系，再次指出吴玉章在修养工夫上的病痛、亏欠，也就是用心、践行上做得不够。实际上这还是在强调作文与品德修养密不可分。

即以今会业一事而言，若果不愿为，则当辞之于早。先期来矣，及会而渝①，可谓诚乎？晨订而午变，言词闪铄，不可谓信；以师命而赴，不致告而避，不可谓敬；众友群集，即不作文，亦当终事而散，倏忽逃会，可谓无礼。如"艺"必胜人而后"游"，则古今之能"游"者寡矣；不胜人即不"游"，谓好学者如是乎？己则不能，而微讥他人，务以求异求胜，是不谦让也；辞气悻悻②，岸而不顾，是躁戾③而失养也。凡此数者，末病乎，抑本病也？不力行之故乎，抑不求知之故也？然则足下之存心、力行，与所谓"志道、据德、依仁"者果安在？而欲以之傲人胜人哉？

就拿如今文会上的作文一事来说，如果确实不愿写作，那么就应当早一点推辞。先前的聚会来了，等到下次聚会却变更了，可以说是诚恳的吗？早晨订了约而中午就变了，言语闪铄，不可以说是诚信；因为老师的命令而赴约，不去告知而躲避，不可以说是尊敬；众多友人成群地聚集在一起，即便不作文，也应当等事情终了然后再散去，突然逃离聚会，可以说是没有礼貌。如果要"艺"必定胜过他人以后再去"游"，那么古今之人能够去"游"的就很少了；不能胜过他人就不去"游"，可以说好学的人就是这个样子的吗？自己不能做到，而去讥讽他人，一定要求异于他人、求胜过他人，这是不能谦让；言辞语气上流露怨恨的样子，高傲而不顾及他人，这是浮躁、乖张而有失教养。所有这几种情况，是末节的病，还是根本的病呢？是不去践行的缘故，还是不去求知的缘故呢？既然这样，足下的用心、践行，与所谓的"志道、据德、依仁"等果真又能体现在什么地方呢？而又想要如何来傲人、胜人呢？

| 简注 |

/

① 期：会，约会。渝：变更，违背。
② 悻悻：怨恨失意的样子。
③ 躁戾：浮躁，乖张。

| 实践要点 |

/

人生成败首先在于做人，其次才是做事，故而需要强调做人的诚信，做人的礼貌、规矩。刻意想要异于他人、胜过他人，做不到就有怨恨之气，这是最要不得的。现在的青年、少年也常常会有类似的情况，作为师长要早发现，早作规劝引导，避免酿成更为严重的后果。

诸友平昔亦以足下瑰异之材、果毅之质，流俗希有。尝与某私相叹跂^①，以为追琢有成，必非凡近所及，故箴规^②过于切直者有之。足下概不为己虚受，一击不中，辄思幡然飏弃^③，壹何自待^④之浅隘也！子路^⑤，人告以有过则喜，故曰"百世之师"。今既不能喜矣，又加愤焉，其志气相去几千万里，更何以造舜、禹之域耶？

诸位友人平时也认为足下具有珍奇特异的才华、果敢刚毅的气质，在世俗之中少有。曾经与我私下里相互赞叹并企望，认为继续雕琢则将有成，必定不是凡人所能及的，所以规劝之时会有过于急切、直接的地方。足下一概不能为了自己虚心接受，一次出击没有击中，就想着幡然放弃，这样子看待自己，真是何其浅陋、狭隘呀！子路，有人告诉他有过错的地方就会欢喜，所以被称为"百世之师"。今日（听了劝告）既不能欢喜，又反加愤恨，这其间的志气高低相去几千万里，又怎么能够达到舜、禹的境界呢？

| 简注 |

① 跂（qǐ）：通企，向往，企求。

② 箴规：谏言，规劝。

③ 飏弃：扬弃，放弃。飏，同扬。

④ 壹何：又作"一何"，何其，多么。自待：看待自己。

⑤ 子路：即仲由，字子路，一字季路，孔子的弟子。

| 实践要点 |

吕留良批评弟子的同时，也指出其优点。事实上师长们对优秀的学生、晚辈才会多多批评指正，因为他们本是最有希望的。然而少年、青年却总是急于求成，一击不中便想着改弦更张，朝三暮四，甚至不愿他人指出自己这一击不成背后的毛病。这些问题也是古今相通的。

抑会文之事，实出于某，非诸友私集也。某欲诸友材质高下者，皆讲习讨论于其中，以求义理之归，盖某与天下争学术是非之界正在此。今足下自以本心力行为得，而不欲从事于文义，其本指正与某相反。然则足下之所非不在诸友，而在某之立说误人矣，而犹晏然①自居为足下之师，不亦大昧闇②、无耻之甚哉？自白沙、阳明③以来，以本心力行为说，不求义理之学盈天下，目前窃其绪余，以鼓舞贤豪者不少。足下既见某说之非，即当早自决择，就其徒印证焉；或有以益吾子，使可朝语而夕成也。奈何依违^④腐儒之门，坐縻^⑤千里之足哉？人之从师为道耳，岂为世情？某虽不敏，必不敢以此相责。若必以昔日一拜为嫌，即以此书当某纳还前拜之状可也。

| 今译 |

再说聚会作文这件事，实际上是出于我的意思，并非诸位友人私下里的集会。我想要诸位友人无论材质高下，都在聚会之中讲习、讨论，从而在义理上求个明白，我想要与天下争一个学术上的是非界限，也正在于此。如今足下自认为直接依靠本心去力行就可以有所得，因而不想从事于文章本义，这就在根本理念上正好与我相反了。然而足下所不认同的并不在于诸位友人，而在于认为我的那些立说将会误人，却还要安然地自居为足下的老师，这不是太过愚昧、无耻得很吗？自从陈白沙、王阳明以来，以本心、力行作为学说，不愿探求义理之学的人满天下都是，目前学得了他们的思想残余，用来鼓舞贤达、豪杰的也有不少。足下既然看到我的立说错处，就应当自己早作抉择，到那些人当中去加以印证；或许还可能有益于你，使你早上一得印证，晚上就成了圣贤。为什么还要反复于腐儒的门口，因此而羁绊千里之足呢？一个人跟从老师是为了求道，难道是为了世俗人情？我虽不才，必定不敢以此来加以责备。如果对昔日的一拜仍有疑惑，那么就用这封书信作为我纳还你以前那一拜的凭证吧！

简注

① 晏然: 安然, 安适。

② 昧罔: 愚昧无知。

③ 白沙、阳明: 白沙, 即陈献章, 号白沙, 广东新会人; 阳明, 即王守仁, 号阳明, 浙江余姚人。这两位都是倡导心学的大儒, 陈白沙发展了南宋陆九渊发明本心的思想, 主张在自然状态中体认本心; 而王阳明又提出知行合一, 强调力行。

④ 依违: 反复, 迟疑不决。

⑤ 絷 (zhí): 束缚, 羁绊。

实践要点

吕留良认同程朱理学, 反对陈白沙、王阳明的心学。吴玉章认同本心、力行, 也就与吕留良的立说不同了。其实吕留良已经再三讲明程朱理学对于道德修养的意义, 从四书文章的讲习、讨论来明晰义理, 本是求道的正途, 然而求异、求胜的吴玉章不愿接受, 那么就不必再反复, 也不必因为从前的拜师而迟疑。一个人的求学之路, 关键还在于根本的思想观念, 此文最终强调的也就在于此。

与吴玉章第二书

大始^①来，得足下札，读之不觉失笑，笑足下之强欲置辨^②，辨而益彰也。足下意止欲辨不赴会，不讥"游艺"耳，然既云不讥游艺，不敢非我教矣。又云群聚会文，不可谓非角胜，悦人耳目，专词章而离"道、德、仁"。又云虽非世俗社比，然仍从事文义，可不谓讥之、非之乎？且吾所责于足下者，为心体有病，而足下曰气质之故；吾责足下以理义不明，而足下曰机调生涩；吾责足下以本事之失，而足下曰平日偏蔽。辞其大而任其细，饰其近而咎其远，若以为此日、此事、此心毫无过失者，则谚所谓"白强"^③者也。

| **今译** |

大始过来，收到足下的信札，读了不自觉地哑然失笑，笑足下想要强行辩解，辩解之后错误反而更加明显了。足下的意思只是辩解为什么不参与文会，并不讥讽"游艺"，然而既然说不讥讽"游艺"，就应当不敢非难我儒家之教了。又

说一群人聚在一起会评文章，不可说不是为了争强好胜，愉悦人的耳目，专攻于词章之道而远离了"道、德、仁"。又说虽然这个文会并不是世俗的那些会、社可以相比的，然而仍在从事文章本义，可以说不是在讥讽、非难吗？而且我所责备于足下的，是因为心之根本上有病，而足下说的却是因为个人气质的缘故；我所责备于足下的，是因为道理、本义上的不明，而足下说的却是机理语调上的生涩；我所责备于足下的，是事件原委上的过失，而足下说的却是平日里有所偏颇、遮蔽的地方。规避其中大的弊病而承担其中细小的弊病，掩盖其中新近的弊病而怪罪其中久远的弊病，仿佛认为此日、此事、此心是毫无过失的，则就是民间谚语所谓的"白强"。

┃ 简注 ┃

/

① 大始：吕留良的弟子陈钹，字大始，浙江德清人，后来传播最广的吕留良《四书讲义》的编撰者。

② 置辨：置辩，分辨。

③ 白强：毫无依据地强词夺理。

┃ 实践要点 ┃

/

吴玉章收到吕留良上一封信之后，又作了辩护，强调自己并不讥讽"游艺"，然而仍然认为文章之会都是争强好胜。至于错误，只承认小的、以前的，不承认大的、新近的。这种辩护也是很常见的，所以师长必须要直接指出来，决不放过。

夫足下云云，自以为辨之而无过矣。然而读书以矛刺盾，但见足下之过益彰者，何也？此即足下轻视文义之效验也。文义不通，病在心有蔽锢；心有蔽锢，病在不求明理。欲明理奈何？亦仍求之文义而已矣。夫文义之不通，岂止不善为文哉？凡语言、书札、动止①，无一足以自达者，故文义非细事也。

| 今译 |

足下说的那些，自以为辩解明白而自己没有过错了。然而如此读书只是以矛刺盾，只是看到足下的过错更加彰显了，为什么呢？这就是足下轻视文章本义的效果。文章本义不通，病根在于心里有遮蔽、有痼疾；心中有遮蔽、痼疾，这病又在于不去讲求明理。想要明理怎么办？也仍旧求之于文章的义理而已。文章本义的不能通畅，难道只是不善于作文章吗？凡是语言、书札、动静，没有一处是足以自然畅达的，所以说文章义理并非小事。

简注

① 动止：动静，行为举止。

实践要点

吴玉章轻视读书以明义理，所以勉强为自己辩护，越辩越暴露自己的错误，所以吕留良强调通过读书与作文讲求义理的重要性。教育无小事，无论读书、作文，还是待人处事，都是教育的内容。

至谓窗下拈题抒写，请教质正，每月所限文数，未尝不遵，而独不可以会课，此更非也。某岂区区期足下以作文者乎？王、唐、归、胡①，何足为百世师？足下不欲作时文即已，何必强为？但文义不可不通，而理不可不明尔。若既可拈题抒写，则窗下与会课何异？《论语》曰："君子以文会友。"《易》曰："丽泽兑，君子以朋友讲习。"②《礼》曰："相观而善谓之摩。"③古之学者，皆以聚友论文为乐，未有闭户私构乃为有得者也。

| 今译 |

至于说到在窗下自己拈出题目来抒写胸臆，再向老师请教、质正，每个月所限定的文章数量，未尝不去遵守，而唯独不可以参加会课，这就更不对了。我难道仅仅是期望足下来写作文章的吗？王、唐、归、胡为什么足以成为百代之老师？足下不想写作时文也就罢了，何必勉强去写呢？只是文章本义不可以不通，而道理不可以不明白。既然可以拈出题目来进行抒写，那么在窗下与在会课中又有什么不同呢？《论语》说："君子以文会友。"《易》说："丽泽兑，君子以朋友讲习。"《礼》说："相观而善谓之摩。"古代的学者，都以朋友之间聚会讨论文章为乐事，没有人认为关门闭户私下构思才会有所得。

| 简注 |

① 王、唐、归、胡：指王慎中、唐顺之、归有光、胡友信，四位文风相近的八股时文名家。

② 此句出自《周易》第五十八卦"兑"卦。"兑"象征"泽"，此卦由上下两个"兑"卦组成，故为"丽"，两泽并联，象征欣悦，君子以良朋益友之间讲习为乐。

③ 此句语出《礼记·学记》。相互观看，学习各自的长处，才是摩。摩，研究，切磋。

吴玉章不愿参加会课，只愿自己在家中窗下选择题目作文，这种想法完全是错误的。为了辨析明白，故而引用《论语》《周易》《礼记》之中相关的话，说明自古以来学者就是通过相互观摩提升德业的。虽然说现场作文难有佳作，然而作为训练，以及相互学习来说，还是极有必要的。

又谓会课即角胜，起悦人耳目之心，必至专词章而离"道、德、仁"，此更大谬不然。昔朱子论试士比较之非，谓其有黜陟①、进退、以利诱人也。程子讥为文悦人耳目，为其以词章求媚于世者也。若师友相聚，为讲习义理之文，初无利诱，亦非求媚。即曰角胜，角是非精粗耳；即曰悦人，悦师友耳。又何患乎专词章而离"道、德、仁"？果其专词章而离"道、德、仁"，将角必不胜，而师友之耳目亦必不悦矣。孔子曰："当仁，不让于师。"②不让于师，角胜之大过，则将仁不可任乎？孟子曰："令闻广誉施于身，不愿人之文绣。"③闻誉者悦人之所致，则将德不可饱乎？会课之角胜悦人，亦如是而已。足下何厌恶之甚乎？推足下欲速好胜之意，一作文即欲使友朋叹服，而莫之指摘，此正角胜求悦人之隐根，虽日处窗下拈写，而此病益深，不必会课而后有也。至于变化气质，涵养性情，此是适道以上事。足下头路④未清，见解未的，方在未可共学中，何言之倨⑤也！

| 今译 |

又说会课就是为了较量胜负，起了愉悦他人耳目的心思，必定会专攻词章从而远离"道、德、仁"，这更是大谬不然了。昔日朱子讨论参加考试的士子相互比较的不对，说其中会有官位的升降、进退，是用利来诱惑人。程子就讥讽过为悦人耳目而作文章，因为他们是用词章来求媚于世人。如果是师友相聚，为了讲习义理而作文，起初本没有什么利益诱惑，也不是为了求媚。即便说是较量胜负，也是较量是非、精粗而已；即便说是愉悦于人，也是愉悦老师、朋友而已。又为什么要担心专于词章从而远离了"道、德、仁"呢？果真专于词章而远离了"道、德、仁"，在较量中将必不能胜，而师友们的耳目也必定不能愉悦了。孔子说："当仁，不让于师。"不让于老师，较量胜负的大过错，将会导致不能担当"仁"了吗？孟子说："令闻广誉施于身，不愿人之文绣。"名声、荣誉是为了让人愉悦，将会导致不能满足"德"了吗？会课的较量胜负可以愉悦于人，也就是这样而已，足下何必厌恶得这么厉害呢？推想足下想要快速而且好胜的意思，一写作文就想要朋友们叹服，而没有可以指摘的，这正是较量胜负而求愉悦他人的隐藏的病

根，虽然每日处在窗下拈题写作，而这个病根却会日益加深，不一定要参加会课才会有此病。至于变化气质，涵养性情，这正好是为学求道以上的事情。足下如果头绪尚未清晰，见解不在点子上，正好处在不可共学的范围之中，说话为什么如此傲慢呢？

① 黜陟 (chù zhì)：人才、官吏的进退、升降。

② 此句语出《论语·卫灵公》，指的是以仁为己任，应当做的事情就会主动担当，并不在老师面前谦让。

③ 此句语出《孟子·告子上》，指希望有好、大的声誉在自己身上，而不愿做高官穿文绣的衣服。令，美、善。文绣，有爵位的人才能穿文绣的衣服。

④ 头路：头绪。

⑤ 倨 (jù)：傲慢。

| 实践要点 |

吴玉章不愿参加会课，却要自己在家中拈题写作，只是强词夺理而已。此处专门辨析为了愉悦耳目、取媚世人而作文与为了讲习义理而作文的具体分别，从而将吴玉章的错误分析得非常明白。教育要使人心服口服，就需要将学生的辩解之词分析得非常清楚明白。

凡某之为此言者，非欲足下强顺吾说而从事时文也，止欲足下通文义以明理，明理以去本心之蔽而已。乃足下哓哓①徒辨，其未尝非师讥友，而初不辞其非之、讥之之实，皆坐不通文义，不明吾说之所指也。今亦不须复辨，足下但取圣贤之书，虚心玩味，先通其文义，而渐求其理之所归。不必作时文，有所见即作古文论说亦得，或作讲义，或作书牍亦得。此岂复有角胜悦人，专词章而离道、德、仁之患乎？若文义未通，而曰吾以性命自负、道德自企，此又谚所谓"未学爬先学走"者也。世间或有此法，而某实不知。足下自信甚坚，则亦求其能助足下者而问之可耳。某自揣非其人，诚不敢担阁足下时日。他日足下遇其师，片言了悟，乃叹"为此腐儒枉费许时工夫，迟我早闻道"，则某罪岂可逭②哉？因大始归，便附此数言，并足下前书批去，惟足下察之。

| 今译 |

我之所以写下这些话，并不是想要足下勉强顺从我的说法去从事时文写作，只是想要足下精通文章要义从而明晰义理，明晰义理从而去除本心的遮蔽而已。方才足下哓哓地只知道分辨，其实并不曾非难老师、讥讽朋友，而最初用不当的

言辞来非难、讥讽的本质，都是因为不通文章要义，不明白我说的真正是指什么而已。如今也不需要再来分辨了，足下只要拿圣贤的书，虚心地去玩味一番，先懂得文章要义，而后渐渐寻求其中义理的归处。也不必写作时文，有所见，就是写作古文体的论说文章也可以，或者写作讲义，或者写作书信、尺牍也可以。这样难道还会有较量胜负取悦他人，专于词章而远离"道、德、仁"的担心吗？如果文章要义不能明了，而说我就要以性命之学而自负、道德之教而自期，这就又是谚语所谓的"未学爬先学走"之类了。世间或许也有这样的方法，然而我实在是不知道。足下自信如此坚定，那么也求这一方法能够帮助足下，去问他们就可以了。我自己觉得并非这样的人，实在不敢耽搁足下的时日。他日足下遇见这样的老师，片言就能了悟，方才感叹"为了那个腐儒枉费了这么多的工夫，迟误了我更早闻道"，那么我的罪过又怎么可以免除呢？因为大始要回去，顺便附上这几句话，一并连同足下前日的书信都拿去，就请足下审察吧。

| 简注 |

① 哓（xiāo）哓：吵嚷，唠叨。

② 逭（huàn）：免除。

| 实践要点 |

吕留良不去勉强吴玉章写时文，读懂圣贤之书，写古文、写讲义、书信等文体都是可以的，关键还是要明理，而不是词章本身。吕留良认同程朱理学的循序渐进，不相信会有一下子就了悟的道理。教育的根本在于启发人心，懂得了自然就会顺从，故而将正反两方面的道理反复阐明也就可以了，至于对方是否心里豁然，还是要靠他自己。

与陈大始书

玉章前会不作文逸去，以不欲"游艺"立说，甚可怪。察其意，大约褊隘^①不虚心，欲速不求益，而姑以云云自文^②耳，然已是心术有病。若认真以为"游艺"不当为，则病在学术，悖缪更不可药矣。不得已作一字与之，足下取看，以为何如？初八日，仆村庄自值会，足下先日须至。玉章来否，听之，勿强也。吾所辨在此理、此心是非耳，非有私憾，正不必谬为谢过^③之举也。

| 今译 |

玉章前一次聚会，不写作文就溜走了，又以不想"游艺"作为说辞，真是奇怪。考察他的本义，大约由于狭隘而不能虚心，想速成，不想慢慢进益，因而姑且以这些话来掩盖过错，然而已经是在心术上有了毛病。如果是认真地认为"游艺"本不当为，那么毛病就在学术上，也就悖谬得更加不可救药了。不得已写了一封信给他，足下可以拿来看看，认为该怎么办呢？初八那日，我这边村庄上正好又有文章聚会，足下需要早一日过来。玉章来不来，听凭他自己，不必勉强。我所要辨析的只在于此理、此心上的是非对错，并不是有什么私下的怨恨，正因为如此，也就不需要他再有什么假装认错之类的举动了。

| 简注 |

/

① 褊（biǎn）隘：狭隘。

② 自文：自为文饰，掩盖过错。

③ 谬为：假装。谢过：承认错误，表示歉意。

| 实践要点 |

/

此文可以补充说明与吴玉章书信相关的意思，指出错在心术、学术上的区别，找个借口则是在心术上有病，如真心认同陈白沙、王阳明的本心、力行之说，则是在学术上有病。无论心术、学术，都不能勉强，是否认识到错误还是要靠他自己。

《程墨观略》论文　三则选一

　　学者有思辨之文，有记诵之文，二者工夫皆不可少。今人但解记诵，而不知思辨，此文之所以日下也。不知思辨处得力最多，思辨长识见，记诵长机神①，机神所附丽止于腔调句字。若识见长，则道理精、法度细、手笔高、议论畅，文品不可限量矣。故思辨之文，不必句句合度可读，但就一篇之中，得其高出在何处，其弊病在何处，研穷剖析，择善而从，择不善而改。故虽不佳之文，皆可以长识见，此即格物②之学，所必当引绳批根③，不可使有毫发之差者也。

┃ 今译 ┃

　　学习作文的人需要掌握的有思辨的文章，也有记诵的文章，两个方面的功夫都是不可缺少的。如今的人只了解记诵一类，而不知道思辨一类，这就是如今文章之所以日渐衰落的原因了。不知道思辨之处其实得力最多，思辨可以增长识见，记诵只能增长对于机微玄妙的理解，而那些微妙之处所附着的只在于语言、声调与句子、字词。如果识见增长了，那么就会道理精通、法度细致、手笔高超、议论顺畅，文章品格不可限量了。所以思辨的文章，不必句句都合于法度适于诵读，只要在一篇之中，得出其中高出一般的在什么地方，其中的弊病又在什么地方，精研穷究，剖析一番，选择最好的去信从，选择不好的去改正。那么虽然是不佳的文章，也都可以增长识见，这就是"格物"之学，所以必然应当排除其中的不适合之处，不可使得其中有丝毫差错。

| 简注 |

① 机神：机微玄妙。

② 格物：穷究事物之理，这也是程朱理学的一种修养功夫。

③ 引绳批根：两人相对拉长绳索，用以排除他人。比喻合力排斥异己。

| 实践要点 |

吕留良指导作文，认为应当注意通过文章来思辨，提升对于文章的道理、法度、手笔、议论等方面的识见，也就是体会文章在这些方面的优劣高下都在何处。如果通过好坏各种文章之中的思考、辨析从而提升了自己的识见，那么作文的水平自然就能够提升，所以说思辨比记诵更为重要。记诵、熟读固然重要，然而思考、辨析更重要，这一点确实是学习写作者必须领会的。

至于腔调句字，乃所以衬簟[①]其道理、法度、手笔、议论者，固不可不熟，不熟则识见虽高，不能自达。然腔调句字，因时为变，在一时中又有高下异同，各从其所主。但取其有当于己之机神者，读之极熟，到行文时自有奔奏运用之妙。即解有未当，局有未真，皆在所略，故每有平浅无奇之文，而名家反得其用，又不可不知。然此则不可以选限，并不必佳选而后有者。

| **今译** |

　　至于文章的语言、声调与句子、字词，本就是用来衬托文章的道理、法度、手笔、议论的，固然不可以不熟悉，不熟悉则识见虽然高，也不能自如地表达。然而语言、声调与句子、字词，因为时尚而变化，而在一时的风尚之中，又有高下、异同之分，各自跟从此种风尚的主导者。只要选取其中适合于自己心灵的机微玄妙的文章，读得极为熟练，到了正式行文的时候自然就会有快速呈现、自如运用的妙处。即使理解不够得当，部分不够真实，都可以忽略，所以每当有平易浅近无奇的文字，然而在名家那里反而得以有用，这点又不可不知。但这点也不能成为选择的限制，并不是必须为最佳的选择而后才可以有此类运用。

简注

---

① 衬簟（diàn）：衬托。簟，竹席。

实践要点

吕留良强调作文的关键还是在把握道理、法度之类，至于音调与字词句之类则是其次的，只要多多诵读，熟能生巧，故而不必花费太多的时间。这一点是很有道理的，现代人学习作文，也应当将音调与字词句的训练，交给多读、多看也就可以了，而且是选择适合自己风格的文章去读去看，在这些方面不必多花费推究的时间。

> 是集止为学人指示思辨之法，为增益识见之助。诚虚衷①细心以讲究之，则甲乙②皆我师资也。若记诵之文，虽不外此中而具，然听人自取，无一定之论矣。

今译

这个集子，只是为学人们指示思辨的方法，为增加有益的识见提供帮助。果真能够虚心、细心地讲究这些，那么任何人都可以作为我的老师了。如是记诵的

文章，虽然不超过这一集子所具备的，然而也听凭个人自己选取，并没有什么一定的论断。

/

① 虚衷：虚怀而无偏心。
② 甲乙：代词，犹某某。

| 实践要点 |

/

吕留良虽然评选了《程墨观略》一书，然而一再强调此书只是为了指示学习者思辨的方法，提供有益的识见。但是真正需要的还是虚心、细心地去讲究这些方法、识见，如把握了这些，那么诵读什么文章、听从什么老师并不重要，重要的只是依照好的方法、识见去吸取对自己有用的东西。也就是说，从一本书中体悟出方法、提升识见，举一反三，就能够从各种各样的书中快速学到更多的东西。

书西樵兄遗命后

此先兄^①十一年前，书留箧中者也。甲寅八月十六日午，兄病革^②，命简以付某，及平生事略数纸，曰：为我善成之。问家事，曰：不必言。呜呼！此非明于义利、邪正之辨，岂易及此？以视世之名为士大夫，而惑于祸福死生，佞佛乞灵，甘于叛圣而不顾者，其智愚、贤不肖，相去何如也？诸子孙岂惟恪遵，更当推明此意于尔身尔家，一言一动，必怀义而去利，守正以辟邪，庶不忝^③尔所生哉！甲寅八月廿八日，弟某拭泪谨书。

| 今译 |

/

这是我去世的兄长十一年前，书写之后留在箱子里的。甲寅年（康熙十三年）八月十六日午时，兄长病重，命人写此书简交付于我，以及记述平生事略的数页纸。他说：为我妥善地补写完成此文。问他家务之事有什么交待的，他说：不必多说了。呜呼！这如果不是明白于义利、邪正之辨，怎么能够做到如此呢？用这一标准来看世上名为士大夫的那些人，而有迷惑于祸福死生，迷信佛教乞求显灵，甘心于背叛圣人之教而不顾的，其中的智与愚、贤与不肖，相去不知有多少了？诸位吕家的子孙难道只是恪守、遵循，更应当推究、讲明其中的道理用到你自己的身上、家中，一言一动，必然要怀有公义而去除私利，坚守正道而驳斥邪理，如此方才不会辱没你的所生啊！甲寅八月二十八日，弟某拭泪谨书。

┃ 简注 ┃

/

① 先兄：吕留良的二兄吕茂良，字仲音，一作仲青，号墨公，亦号兰痴，晚号西樵。画家、诗人。

② 病革：病重，危急。

③ 不忝：不辱，不愧。

┃ 实践要点 ┃

/

吕留良整理其二兄的遗书，总结其去世前所说的话，对于其总结平生功过是非的事略十分在意，对于诸如财物分配之类的家务事却毫不关心，也不要求死后延请佛道什么的，可见其遵循儒家义利、邪正之辨。于是吕留良要求子孙们将义利、邪正之辨推及自身自家，一言一动，不要愧对先人。一个家族，每代人都应当总结先人的言行、事迹，从而教育后人，亲近之人的榜样的力量，更甚于历史上的圣贤伟人。

力行堂文约

昔之子弟，患其驰骛^①，为声气之习所坏；今之子弟，孤陋寡闻，夜郎自大，日趋于恶劣污下而不自知，其失均也。今为此约，但会文字，不会酒食。一以戒征逐，二以节浮费，三以远社席之风。有观摩之益，无嚣竞^②浮动之虞，亦兴起大雅之一助乎！

今译

　　昔日的子弟，怕他们驰骛于文人集社，被士人追求名声之习气所败坏；今日的子弟，孤陋寡闻，夜郎自大，日渐趋于品格恶劣卑污而不自知，这两种人的错误是相同的。今日作这个文会的约定，只是聚会于文字，不聚会于酒食。一是为了戒除频繁的宴请，二是为了节约不必要的花费，三是为了远离集社、讲席的风气。有了相互观摩的益处，没有喧哗奔竞、名利浮动的担忧，也是兴起风雅的一个助力呀！

① 驰骛（wù）：奔走、奔驰。

② 嚣竞：喧哗奔竞、追逐名利。

| 实践要点 |

吕留良因为早年参加过文人集社，所以虽然在他家的力行堂中组织这个文会，但一再强调"但会文字，不会酒食"，观摩文字，培养风雅，又远离喧哗、名利等士人之间的不良习气。现在组织读书会、文会等活动，也应当力戒酒食，不只是节约费用，而是避免与学习无关的一切，这点当是组织者应当注意的。

> 日期三、八，文限二作，从俗从同也。题必画一，乃有相观之善。每期大小题各二，以分长幼。近者凌晨传发，远者先日封寄可也。
>
> 师长无权，则心志不精，专长务外之弊。故批点之任，各归其师，不可侵越。无师者归其家长，或其同学之友。师长以为佳，乃得见付入集。如不甚足观，无妨置藏不出，以待次期之长进。慎勿欲速好名，捉刀作伪，以误子弟也。

| 今译 |

/

日期定在每旬的三、八两日，每次限作文章两篇，从俗从众。题目必须统一，这样才有相互观摩的便利。每一期大小题目各两个，用以区分年龄的长幼。住得比较近的凌晨时分传递发给题目，住得远的也可以提早一日封了寄去。

师长如果没有权力，就不能专心于此事，就会有专门想着外面他务的弊病。所以批点文章的任务，各归各的老师，不可侵占、僭越。没有老师的就归于家长，或者与他一同学习的友人。师长们以为好的，方才得以交付出来收入集子。如果不太看得上的，不妨先收藏着不拿出来，以待下一次有所长进。谨慎对待，不要想着快速求个好名声，捉刀代笔拿了伪作，以致耽误子弟。

| 实践要点 |

/

此次的文会，每旬两次，每月共计六次；每次作文两篇，每月共计十二篇。题目统一，以便相互比较文章高下。老师或家长亲自批点，认为优秀的方才拿出来收入集子，不理想的则可以等下次再拿出来。强调不可代笔，以免耽误子弟。这些措施，既提出了要求，又相对比较宽松，其做法也适合现代举办小型的作文聚会参考。

文须当日构写、批看，次日午前汇付。若过四、九
两日，虽有佳文，不复入集，以策骄惰。

文既集，总钉传阅。以前后次序为甲乙，间着评语。
如有绝顶佳文，仿"月泉"例，赠以笔墨小物。其三次
无文入集者，亦薄罚焉。

每斋传阅不得过三日，以次传遍，归还草堂。遗失
阙损者罚之。

| 今译 |

文章必须在当日构思写作、批改查看，次日中午之前汇集、交付。如果过了
每旬的四、九两日，虽然有好的文章，也不再收入到集子之中，以此来鞭策骄
傲、怠惰之人。

文章既然收入集子，汇总装订以便传阅。以其中的先后顺序来区分优劣，中
间写上评语。如果有绝顶的好文章，效仿月泉文社的旧例，赠送笔墨等小物件。
若三次都没有文章收入集子，也要稍稍加以责罚。

每个书斋传阅集子，不得超过三日，依次传遍之后，集子归还到草堂。遗失
或者缺页、损坏的，责罚。

提升写作水平，最好的训练就是现场作文，故而强调当日构写、批看。一个文会之中，每次活动都将优秀文章挑选出来，以优劣等级排序编成集子，则有了成就感；再稍加奖惩，则于提升积极性、趣味性都有助益。最后集子还要保存起来，既可检验得失，又可存档备查。这些方法，都是值得发扬的。

> 文必用格纸誊清。其字句之疵，师长即为抹改，亦不必别录，以考其真。每朔日^①，分一月格纸，愿则来取，不敢拒，亦不敢强也。
> 不遵信朱子^②者勿与。
> 对题抄套文字，最为无耻，较出必罚。
> 写别字有罚。

| **今译** |

文章必须用格子纸誊写清楚。其中字句的瑕疵，师长随即为之涂抹改正，也不必另外抄录，以便考证其中的真实情形。每个月的朔日，分给大家一个月用的格子纸，愿意参加文会活动的就来领取，不敢拒绝任何人，也不敢勉强任何人。

不愿意遵信朱子的人不给。

对着题目抄录套用现成文字的，最为无耻，校对出来之后必定责罚。

写了别字的也有责罚。

① 朔日：阴历的每月初一。

② 朱子：即朱熹，宋代著名理学家，著有《四书章句集注》，为吕留良《四书讲义》以及八股文（四书文）评点的依据，故主张学生遵从、信奉朱子，认真研读《四书章句集注》等朱子之书。不遵信朱子的士人，多半遵信王阳明，或佛、道，这些都是吕留良所反对的，故强调这一条。

| 实践要点 |

以文章写作为主题的聚会，强调用格子纸誊清再上交师长，而师长则直接在稿子上批改，可以将原文与改文对比，体会为什么要如此改正，对于学习写作来说意义重大。在分发格子纸的时候，又强调愿意参与的来取，不愿意的也不勉强，学习总有艰辛的一面，成败还在自身。至于一定要树立一个思想上的宗主，则也是现在举办文化活动应当注意的，比如孔子、朱子，或者地方文化名人，通过画像、书籍等，让参与者知道活动的导向，也是极有必要的。没有宗主，则往往散乱无章。

客坐私告

某所最畏者有三：

一曰贵人。夙遭多难，震官府之威，今梦见犹悸^①。故虽平生交契，一登仕途，即不敢复近。非过为拣择也，心有恐惧，习久性成耳。对宦仆如伍伯也^②，捧大字书帖即牌檄也^③。登朱门，则惴惴焉，大庭福堂也。

| 今译 |

/

我所最为畏惧的人有三种：

第一是贵人。我早年遭遇了许多劫难，曾被官府的威风所震慑，如今梦见当年的事情还依旧心跳不已。所以虽然是平生交情深厚的，一旦登上仕途，就不敢再度亲近了。并非是过于挑剔朋友，而是心里留有恐惧，习惯太久而成为本性了。面对官员，如同面对催索的差役；捧着写着大字的名帖，也如同接到府县的文书。登大户人家之门，则惴惴不安，因为那里有大庭院、大福堂。

① 悸：因为担心、害怕而心跳。

② 宦仆：官吏。伍伯：官府的差役。

③ 大字书帖：名帖，名片。牌檄：发到府县的文书。

| 实践要点 |

　　吕留良早年与其侄儿吕宣忠参加抗清，失败后吕宣忠被杀，他也遭到追捕，故而说害怕官府。然而畏惧做官的人，则还是因为其遗民身份，不愿意与那些在清朝做官的人往来。同时，也是告诫后人，不轻易与高官、贵人往来，免生是非。

　　二曰名士。向苦社门①之水火，今喜此风衰息矣。而变相傍出，尤不可方物②。如选家论时艺，幕宾谈经济，尊宿③说诗古文，讲师争理学，游客叙声气，方技④托知鉴介绍。彼皆有所求耳，接与不接，总获愆尤⑤。每晨起默祷，但愿此数公无一见及，即终日大幸也。

/

二是名士。我向来就苦于文人集社中不同门户之间的水火不容，现在这种风气衰落、平息了，我很欢喜。然而变相的文人活动也常有别出，更加不容易识别了。比如文章选家谈论八股时艺，官府幕宾谈论经邦济世，年老有名的高人讲说诗歌、古文，讲学之师争辩理学，从游之客述说士人风气，方技之士托知音之人介绍。他们都是有所求的，接待与不接待，总会获罪。每天早晨起来之后默默祈祷，但愿这几种名士一个也碰不到，也就是这一天里的大幸运了。

| 简注 |

/

① 社门：明末之时，江南地区多文人集社，常常会有不同的门户发生分歧。

② 方物：辨别、识别品类。

③ 尊宿：一般指年老而有名望的高僧，也指受尊敬的人。

④ 方技：指掌握医卜、星相等各种技术的士人。

⑤ 愆尤：过失，罪过。

| 实践要点 |

/

崇德的吕家，原本就是明末文人集社的组织者，如吕留良的兄长吕愿良、友人孙爽（子度）等曾组织过澄社、征书社，所以熟知其中门户之争。清初集社被禁止，变相的文人、名士的活动，如文章选家、官府幕宾等等以不同的形式活跃。吕留良认为这些名士们都是有所求才四处活动的，接待则会受他们蛊惑，不接待则会被他们说成傲慢，所以都会获罪。不要轻易与这些所谓的名士交往，其中的道理说得很清楚了。就现代而言，有才干、有特长的人如果经常活跃于社交场所，则多半别有所求，故而要慎重对待。

三曰僧。生平畏僧，甚于狼獥①，尤畏宗门②之僧。惟苦节文人托迹此中者，则心甚爱之。然迩年以来，颇见托迹者开堂说法，谄事大官，即就此中求富贵利达，方悟其托迹时原不为此，则可畏更过于僧矣。

| 今译 |

三是僧人。我生平畏惧僧人，更甚于豺狼、獥貐，尤其怕禅宗僧人。唯独那些艰苦守节的士人，假托为僧人混迹在其中的，则心里十分喜爱他们。然而近年以来，常见那些托迹僧人的文人开堂说法，谄媚地侍奉大官，就是在其中谋求富贵利达，方才醒悟他们在托迹之时原本就不是因为另有苦衷而假托为僧人的，那么这种人的可怕，更是超过真正的僧人了。

① 猰（yà）：猰貐，传说中吃人的凶兽。

② 宗门：禅门、禅宗。

| 实践要点 |

僧人，特别是禅宗的高僧，往往巴结达官贵人，以求富贵利达。然而在清初时也有所谓逃禅，是遗民逃避清廷征召的一种方式，并非真成了僧人，故吕留良表示欣赏。清朝政权稳固之后，部分不安分的逃禅士人也开始谄媚官员。此类由守节而变节，无品格无底线之人，在吕留良看来更是避之唯恐不及。其实这种人任何时代都不少见。

又有九不能：

一曰写字。本不善书，比①苦痔疡去血久，筋脉颤振，并失其故矣。

二曰行医。灵兰②之书，向未之读也。因家人病久，医友盘桓，粗识数方。间与亲契论列，遂为谬许，传误远迩。今三年之中，兄丧女夭，冢妇③暴亡，身患藏毒，淋漓支缀，其能事可睹矣。且年未五十，须白齿堕，瘘疾④一发，卧起洗涤，非人不便。颓然一废物，岂能提囊行市耶？

又有九件不能做到的事情：

一是写字。本来就不善于书法，近来又长久地苦于痔疮流出脓血之病，导致筋脉发生震颤，并且写字也失去了原来的能力。

二是行医。医药类的书，向来未曾读过。因为家人生病久了，懂医药的朋友常在家中盘桓，粗略地识得几种药方。偶然与亲友谈论起来也有所契合，于是被人谬赞、称许，我懂医药的说法被误传到了远近一带。如今的三年之中，兄长病故、女儿早夭，主妇也得暴病而亡，我自己也身患隐蔽的毒气而流血淋漓，勉强支持延续性命而已，还能做什么事也就一目了然了。而且年纪还未满五十，胡须白了，牙齿掉了，流脓的毛病一旦发作，卧床、起身、洗涤等事，没有人照顾就觉得不便。真是一个颓然的废物了，怎么能提着医药之囊行走于街市呢？

① 比：比来，近来。

② 灵兰：原指灵台和兰室，是传说中黄帝藏书的地方，也特指医药类藏书。《黄帝内经·素问》有《灵兰秘典论》，药店有"灵兰秘授"之匾额。

③ 冢妇：主妇，嫡长子之妻。吕葆中之妻于康熙十四年去世。

④ 瘘（lòu）疾：因为生疮而长久不愈，流出脓水。

吕留良流传的书法手迹不多，然而也是当时著名书法家，其《卖艺文》中就提及卖字一事，常有人求字，故强调手颤之病。吕留良也是一个名中医，著有《东庄医案》等书。他的友人名医高旦中一度常住他家，两人经常探讨医学，后来也曾行医以补家用。晚年隐居之后，致力于研究、刊行程朱理学著作，便谢绝医药之事。多才多艺是好事，但也是坏事，故而到了一定年纪便要有所取舍。此文提及的写字、行医以及下文的酬应诗文、批评著作等，吕留良渐渐谢绝，方才成就为理学家，后人读此文应当懂得其中道理。

> 三曰酬应诗文。少孤失业，又无师授，不知行文之法。每苦有情不能自达，况应酬无情之言乎？
> 四曰批评朋友著作。性不善谀，而时尚所宗，未展卷帙，先须料简①谀词，又须揣合其意。如曰"惟公不好谀者乃佳"，其苦甚于夏畦②。

| 今译 |

三是诗文的酬答、应对。我少年时候就成了孤儿，失了学业，又没有高明的老师传授，所以不知道行文的方法。每每苦于有情感而不能自如地表达，何况去

应酬那些毫无情感的文字呢?

四是批评朋友的著作。我本性不善于阿谀奉承,然而时尚却是推崇备至,还没有展开书卷书帙,必须先去选好阿谀之词,又必须揣摩合于人家的心意。如有人说"唯独您不喜好阿谀的方才更佳",如实地批评著作,又会辛苦得如同夏天在田地里劳作的人。

① 料简:即料拣,品评、选择。

② 夏畦 (qí):夏天在田地里劳作的人。语出《孟子·滕文公下》。

实践要点

古代的士人之间,流行诗文唱和。这种应酬之作,往往没有什么思想情感,难有佳作,故而吕留良较为反感。著作的批评则更是碍于情面,说一通不痛不痒的阿谀之词,这种时尚现代也是一样的。所以为了珍惜时间,珍惜生命,还是应当尽量谢绝毫无内容的应酬之作,也谢绝批评之作。

五曰借书。所宝惜者惟此,而友人借去,辄不肯见还。所谓"借者一痴,还者一痴"也,当永以为鉴。但欲依抄书社①例，各抄所有之书，相易则可。

六曰荐牍②。凡人投契，各有谊分。标榜树私，乃门户中笼络之术。吾戆而固，安能为此？至医关人命，师长生徒，尤不敢妄举。况有言不信，亦无可举处。

| 今译 |

五是借书。我所珍惜的唯有藏书，然而友人借去，总是不肯归还。这也就是所谓的"借者一痴，还者一痴"了，应当永远以此为鉴。但是我也想要依照"抄书社"的常例，各自抄写所拥有的书，相互交换也是可以的。

六是推荐的文书。凡是人与人之间投缘的，各有各的友谊缘分。相互标榜树立私人的圈子，乃是门户中人相互笼络的策略。我性情戆直而顽固，怎么能够这么做呢？至于医术事关人命，老师教养学生，尤其不敢随意推举。何况说了也不见得可信，也就没有什么可以推举之处了。

| 简注 |

① 抄书社：相互交换抄书的小社团，比如黄宗羲曾与许元溥、刘城约为抄书社，专抄世所罕见之书以便流传。

② 荐牍：推荐人才的书信。

┃ 实践要点 ┃

古人读书不容易，借书不还则总是藏书人的心病，吕留良也是如此。抄书的情况，一是穷人买不起书只能抄书，一是有些珍贵的书只能相互传抄。给他人写推荐信，在吕留良看来，如果投缘的人，不被推荐也会建立友谊，而四处推荐人才形成自己的圈子，则是他不愿意做的。借书的谨慎，推荐人才的谨慎，其实是任何时代都应当注意的。

七日宴会。病不能久坐，优剧①素所痛恶。筋政争啖②，多致生衅③，皆其所不堪。

八日货财之会④。亲知嫌隙，大约因货财。而银会，事非一人，期非一日，吾见始终无言者鲜矣。况力实不胜，其能免乎？凡有告急，但谅己力所及，有则赠之，无则辞焉。若必以会相强，及居间借当之属，断然不能。

九日与讲会。吾身不能居仁由义⑤，何讲之有？

／

　　七是宴会。多病而不能久坐，请优伶演戏则是我向来痛恨厌恶的。行酒令而喧哗吵闹，多会导致争端，都是我无法忍受的。

　　八是货财之会。亲友、知交之间产生嫌隙，大约因为货物、财产之事。至于银会，事情不是因为一个人，期限不是因为一天两天，我看到这种组织活动而始终没有什么闲话的很少。何况能力实在不能胜任，又怎么能够勉强呢？凡是有向我告急的，只要我自己能力所及，有的就赠送他们，没有的就推辞。如果必定要用货财之会来强迫，或在其中做一些借当之类的事情，那是万万不能的。

　　九是参与讲会。我自身还不能做到"居仁由义"，又有什么学可讲呢？

| 简注 |

／

　　① 优剧：请优伶演戏。

　　② 觞政：宴会中行酒令。呶（náo）：喧哗。

　　③ 衅（xìn）：缝隙，感情上的裂痕。

　　④ 货财之会：古时江南一带借钱借物的民间组织，也就是下文说的银会，邀请亲友集资进行借贷活动。

　　⑤ 居仁由义：内心存仁，行事循义。语出《孟子·尽心上》。

参加宴会，特别是不熟悉的人之间的宴会，行酒令或是劝酒之类，都容易导致感情裂痕，所以还当适可而止。货财之会现代很少，然而亲友之间借钱借物依然很普遍，借了忘记还也是常有的事情，所以最好是通过有关机构进行，以免产生误会，否则连朋友也没得做了。至于讲会，也就是"好为人师"，类似"开堂说法"，以求沽名钓誉，当然更是应当慎重了。

> 凡此"三畏""九不能"，友朋间有知其大半者，有知其一二者，有全不知者。但一不知而触焉，必因之得罪矣，故不敢不布。

所有这"三畏""九不能"，朋友之间有知道其中大半的，有知道其中一两条的，有全都不知道的。但是只要有一条不知道而触犯到，必定会因此而被我得罪，所以不敢不予以公布。

／

吕留良一生朋友极多，即使晚年隐居乡村，寻访者依旧极多，所以将自己的几条原则，以此"私告"的形式在朋友圈中传布，则可以避免应酬、免除误会。人不能没有一点原则，在待人接物上有几条原则并以适当的方式传布于朋友之间，就可以避免误会，这一方法也值得学习。

甲寅乡居偶书

某迂戾无状，屡获罪于贤豪。循省愆尤^①，两仪^②充塞，而硁硁^③之性，顽不可改，必将蹈国武之祸^④。用是屏迹丘樊，不复溷厕里党^⑤。所冀知交待以"移之远方，终身不齿"之例，爱我者譬某浪游未返，晤言虽渺，笔札可通；见恶者譬某已为异物^⑥，不见其人，亦将置之不校。则恩怨可以胥忘，是非可以不论。江湖浩浩，放此余生，皆长者之赐也。城市义既不入，村中亦无礼数见宾，倘犹以往返驱使相责，有断不能奉命矣。谨拜陈白，伏冀慈谅。

| 今译 |

我迂腐而乖戾，不像个样子，屡次得罪于贤者、豪杰。考察其中的罪过，阴阳之气充塞于体内，然而固执的脾气，愚顽得无法更改，必将招致类似春秋国武子一样的败亡之祸。因此隐迹在乡野之间，不再混杂于乡党之中。希望知交们待我以"移之远方，终身不齿"之例，爱我的人，譬如我远游而未返，会晤对

谈的机会虽然渺茫，却还有笔札可以通信；憎恶我的人，譬如我已经成为死去之人，不再见到这个人，也就将他置于不必计较之列。那么恩怨可以都忘了，是非可以不论了。江湖之大，浩浩荡荡，可以放逐我的余生，都是长者的恩赐。城市从道义来说既然不可再入，乡村之中从礼数上讲也没有会见宾客的必要，倘若仍旧用往返驱使来要求，那就万万不能奉命了。谨此拜谢告白，敬请诸位谅解！

/

① 循省：省察、考察。愆 (qiān) 尤：罪过。

② 两仪：天地、父母、阴阳，此处指天地。

③ 硁 (kēng) 硁：形容浅陋固执。

④ 国武之祸：国武子，即春秋齐国上卿国佐。齐灵公八年夏，在柯陵之会上，国佐的发言直爽，褒贬无所忌讳。单襄公据此推断他不免于祸，后果因齐国内乱而被杀。

⑤ 丘樊：园圃，乡村，常指隐居之所。溷厕：混杂其间。

⑥ 异物：此处指死去的人。

| 实践要点 |

/

这是吕留良晚年隐居乡村之时对亲友的告白，表达了自己的志向。当时的遗民不愿进入杂沓的城市，不愿有过多的交游活动，以免招致不测之祸，特别是像吕留良这样容易意气用事之人。交往过多，言说过多，则容易引发事端，所以致力于某一事业，则应当带有一种隐逸的心态，享受孤独，以求成就。

癸亥初夏书风雨庵①

到此庵中，屏绝礼数，病不见客，隘不留卧。经过游观，自来自去，送迎应对，一概求恕。久坐闲谈，尔我两误，可惜工夫，各有本务。知者无言，怒亦不顾。问我何为？木雕泥塑。何求老人②书。

| 今译 |

到这个庵中之后，去除了种种礼数，多病故而不见外客，屋子狭隘故而不留外人睡卧。经过此地的人若来游玩观赏，则请自来自去，迎来送往的应对，一概恕难从命。如果久坐闲谈，你我两相耽误，可惜了工夫，因为各有各的本来事务。知道我的人，不会多说什么；若是要发怒，也顾及不了。问我为什么这个样子？请看看那些木雕泥塑。何求老人书。

| 简注 |

① 风雨庵：康熙十九年夏，为了逃避清廷的山林隐逸之征，吕留良剃发为

僧，隐居于吴兴埭溪妙山，修筑了风雨庵。

② 何求老人：吕留良暮年为僧之后，自号何求老人。

| 实践要点 |

吕留良先隐居于崇德县城东郊的南阳村东庄，后隐居于吴兴妙山的风雨庵，既是为了避免清廷的博学鸿词、山林隐逸等征召，也是为了避免纷杂的交际。他说的"久坐闲谈，尔我两误，可惜工夫，各有本务"等话，对于想要专心做事的人来说，是很有启发的。

附

录

《吕晚村先生家训》跋

严鸿逵

　　先生倡学东南，载束发受书即知向往，徒以一江之隔，负笈稍迟。壬申岁，始得造南阳讲习之堂，而先生谢世已近十年矣。徘徊庑序，不能自已。既因先生嗣子无党瞻拜遗像，执瓣香之谊焉。无党复尽出先生遗书手泽，共相展阅，中有家训数帙，其言尤深切著明。

　　逵乃作而叹曰：始吾知先生见道之高明也，今复见先生躬行之笃实矣。夫庭闱私语，皆可告人，立心之诚也。造次指挥，字必端楷，持身之敬也。巨细之务，至理具存，格物之精也。一事而引伸之，数善备矣。至其间格言正论，皆可以砥挽颓波，纲维人纪。抑是训也，岂惟先生之家，若播诸天下，繄世教实有赖。因与无党共相简缀成一编，以垂惠来学。此固逵平生私淑之微志云尔。

　　康熙癸未冬十月，三原门人员赓逵盥手谨识。

丁未得锡山王氏所藏《吕晚村家训真迹》付石印，因题三绝

邓 实

白发而翁不尽思，一编珍重付儿时。
米盐琐事年年事，坐老英雄种菜时。

原注：时余方蒐得晚村种菜诗六首。

早岁才名枉自夸，空余憔悴此生涯。
先生本自无家者，岂爱旁人不若家。

摩挲手泽泪潸潸，忌讳之朝例必删。
可慨烧书烧不尽，尚留真迹在人间。

行　略

吕公忠

　　呜呼！先君之弃不孝辈也，已再期矣。日月不居，音容莫及。唯是生平言行之记，阙焉未备，每欲伸纸濡毫，次第梗概，而意气填塞，弗克宣达。窃念先君立身大节，著在人寰。其学术文章议论，四方学者，罔不闻知，固无待于不孝之称述。惟其绪言遗事，或非外人所尽悉者，兹不笔载，诚恐日久散失疏忘，以至于后之人传闻异辞，无所考据，是重不孝辈通天之罪也。故敢泣血而书之。

　　先君讳留良，字庄生，又讳光轮，字用晦，号晚村，姓吕氏。先世为河南人，宋南渡时，始祖讳继祖，为崇德尉，阻兵不得归，因家焉。十世而至竹溪公，讳淇，为锦衣武略将军，先君之高祖也。曾祖讳相，号种云，沔阳别驾，妣孺人赵氏。祖讳焕，号养心，山西行太仆寺丞，妣宜人郭氏。考讳元启，号空青，鸿胪寺丞，妣孺人黄氏。初，沔阳公以赀豪于乡里，倜傥好施。倭寇逼，出藏粟三巨艘以饷军；又助工筑邑城之半，阮中丞表其闾，曰"善人里"。公生三子，长为太仆公。次讳烱，号雅山，泰兴县令。季讳燦，号心源，淮府仪宾，尚南城郡主，是为先君之本生祖考妣也。本生考讳元学，号澹津，万历庚子举人，繁昌县令，妣孺人郭氏。繁昌公年六十九而卒。已生子四，长讳大良，字伯鲁；次讳茂良，字仲音，刑部郎；次讳愿良，字季臣，维阳司李；次讳瞿良，字念恭，邑诸生。卒后四月，而侧室孺人杨氏，生先君于登仙坊之里第，行第五。于是空青公卒，无子，乃以为后焉。先君生而神异，颖悟绝人，读书三遍辄不忘。八岁善属文，造语奇伟，迥出天表。时同邑孙子度先生为里中社，择交甚严，偶过书塾，见所为文，大惊曰："此吾老友也，岂论年哉?"即拉与同游。先君垂髫据坐，下笔千言立就，芒彩四射，诸名宿皆咋舌避其锋。癸巳，始出就试，为邑诸生。每试辄冠军，声誉籍甚。时同里陆雯若先生方修社事，操选政。每过先君，虚左请与共事。先君一为之提唱，名流辐辏，玳筵珠履，会者常数千人。女阳百里间，遂为人伦奥区。诗筒文卷，流布宇内。人谓自复社以后，未有其盛，亦拟之如金沙、娄东，而先君意不自得也。壬寅之夏，课儿读书于家园之梅花阁。息交绝游，于选、社一无所与。时高旦中先生自鄞至，黄晦木先生兄弟自剡至，与同里吴孟举、自牧诸先生，以诗文相倡和。尝作诗曰："谁教失脚下渔矶？心迹年年处处违。雅集图中衣帽改，党人碑里姓名非。苟全始信谭何易，饿死今知事最微。醒便行吟埋亦可，无惭尺布裹头归！"人莫测其所谓。至丙午岁，学使者以课士按禾，且就试矣，其夕造广文陈执斋先生寓，出前诗示之，告以将弃诸生去；且嘱其"为我善全，无令剩几微遗憾"。执斋始愕眙不得应，既而闻其衷曲本末，乃起揖曰："此真古人所难，但恨向日知君未识君耳！"于是诘旦传唱，先君不复入，遂以学法除名。一郡大骇，亲知无不奔问傍皇，为之短气。而先君方怡然自快。复作诗，有"甑罃不全行莫顾，簧如当易死何妨"之句。但曰："自此老子肩头更重矣！"于是归卧南阳村，向时诗文友皆散去。乃摒挡一切，与桐乡张考夫、盐官何商隐、吴江张佩葱诸先生及同志数人，共力发明洛闽之学，编辑朱子书，以嘉惠学者。其议论无所发泄，一寄之于时文评语。大声疾呼，不顾世所讳忌。穷乡晚进有志之士，闻而兴起者甚众。顾先君身益隐，名益高。戊午岁，时有宏博之举，浙省屈指以先君名荐。牒下，自誓必死。不孝辈惧甚，急走谒当事，祈哀固辞得免。

庚申夏，郡守复欲以隐逸举。先君闻之，乃于枕上剪发，袭僧伽服。曰："如是，庶可以舍我矣。"寄清溪徐方虎先生，曰："弟此病日深，浮生无几，已削顶为僧，从此木叶蔽影，得苟延数年，完一两本无用之书，愿望足矣。"世间纷纷，总不涉病僧，晦闻甲里。或疑之曰："先生平生言距二氏，今以儒而墨，将贻天下来世口实，其若之何？"先君亦默然不答。僧名耐可，字不昧，号何求老人。筑室于吴兴埭溪之妙山，颜曰"风雨庵"。峭壁寒潭，长溪修竹，有泉一泓，构亭其上，题以"二妙"。先君幅巾拄杖，逍遥其间。惟四方问学之士，晨夕从游，有濂溪吟风弄月之意。顾先君自此亦病甚矣。幼素有咯血疾，方亮功之亡，一呕数升，几绝。辛亥以后，遇意有拂郁，辄作。至庚申夏，方对客语，而郡札适至，喷嚏满地，坐客咸愕然。自后病益剧。先君自知不起，尝叹曰："吾今始得'尺布裹头归'矣，夫复何恨！但夙志欲补辑朱子《近思录》及三百年制义名《知言集》二书，倘不成，则辜负此生耳！"于是手批目览，犹矻矻不休。门人子侄，苦请稍辍，以俟病间。先君毅然曰："一息尚存，不敢不勉。况此时精神犹堪收拾，后此更何及耶？"虽发凡起例，稍示端绪，然亦竟不能成也。易箦前三日，犹凭几改订书义，命不孝执笔，一字未安，辄仁思商酌，其神明不乱如此。病革，门人陈钑等入问，勖以细心努力为学。呼不孝辈，谕以孝友大义而已。已而曰："我此时鼻息间气，有出无入矣。"言毕，又手安寝长逝。此癸亥八月十有三日也。呜呼，痛哉！

先君少秉至性，事先祖母杨孺人极孝。孺人虽奇爱先君，而教督尤严。年十三，遭孺人丧，哀毁逾礼；又以生不得逮事繁昌公，平生每言及，未尝不呜咽流涕也。祭祀必竭诚尽敬，其粢盛蘉馔，必丰以洁，夙兴行事，未尝不斋肃也。遇讳辰，未尝不哀感也。已病剧，支缀家人祭祀，犹必强起行礼，不以急故自免也。大宗祠堂圮，犹篮舆出城营度，不以濒死忘于祖先也。少抚于三伯父，事三伯父如严父。已出为鸿胪公后，赀藏甚厚。而三伯父故豪奢，好声气结纳，辄挥霍尽之。岁大饥，尝为友代输漕粟，一夕空其囷。先君骧然，以兄亲爱，视财无尔我，绝无芥蒂吝惜也。三伯父卒，子亮功早世，以先君为丧主。后十余年，拮据营葬三伯父父子于高原，哭之尽哀。又以孙懿绪继亮功后，曰："吾以报三兄抚养恩，亦使吾之子孙得以复奉本生繁昌公祀也。"二伯父与三伯父兄弟异居，以礼数相持责，谗间乘之，差不相能。

四伯父抚于二伯父，而与先君友爱最笃，相与弥缝两兄间。四伯父卒，先君曰："吾兄死，无为为善矣。"哀痛过常。遗孤才岁余，抚视如己子，以迄于成人。晚年事二伯父尤敬。二伯父性径直，先君每事推让，视形听声，极意承奉之。即有所谏正，必缓解曲譬，勿使伤其意也。常遘疾，先君为之终夕不寐，思所以疗治之法，复初乃安。先君每曰："吾生而无父，今兄亦只一人存，视兄犹视父矣。"

平生笃于朋友之谊，遇有事，不惜顶踵以赴其急。交游投赠，倾筐倒箧，忠尽欢竭，曾无倦意。尝曰："友，所以辅仁也。论交既定，则急难通财乃分内事；今人以通财急难而求友，则不可以言友矣。"顾先君之所求者在此，而友之所望于先君者或在彼。雨云翻覆，千变百幻，先君只待以一诚，久而其人感动悔悟，遇之如初。其卒不可化，或自以负途之豕，反害先君之洁身浣行而雠之者，天下皆怪叹其为人，而于先君知人之明固无伤也。初与陆雯若先生同社，时雯若惑于谗，与先君偶相失。他社之人乘间说曰："请绝雯若，某等愿执鞭弭以从。"先君笑曰："吾与雯若小有言，然门墙之阋也，于诸君何与哉？且诸君故可交，亦奚必绝雯若而后从也？"

其人乃愧服。雯若早卒，先君为之经纪其家，人谓真不愧生死者。有浮薄子盗名，常获陆先生左右力；比其亡也，作陆雯若墓志，痛加诋抹。先君甚不平之，乃为刊其《东皋遗选》，序中悲凉感慨，极寓其意，所为张耳、陈余之事是也。甲辰岁，有故人死于西湖，先君为位以哭，坏墙裂竹，拟于西台之恸，已而葬于南屏山石壁下。高旦中先生与先君交最厚，许以女室先君之第四子，忽致札曰："某病甚，将死矣。家贫，吾女恐不足以辱君子，请辞。"人或劝从其请，先君正色曰："旦中与余义同车笠，不应有是言，此乱命耳。"卒娶之。时会葬高先生于鄞之乌石山。先君芒鞋冒雪，哭而往。山中人遥闻其声，曰："此间无是人，是必浙西吕用晦矣。"高氏子弟砻石将刻墓志，先君视其文，微辞丑诋，乃叹曰："铭之义，称美而不称恶，此何为者也？"遂不复刻。平生爱人以德，不肯为姑息，以非义相成，责难规过，人或不能堪，而谅其无他，卒相畏服。与吴自牧先生始以艺术文章交，既而进以道义，晚岁甚相依傍，忽暴疾殒，先君哭之恸，曰："吾质已亡矣，吾亡以言之矣！"爰是有《质亡集》之刻，并及诸亡友之文章未表见于世者，缀拾其遗事以传焉。盖先君贫交死友，尤所郑重。凡友人之后富且贵者，辄不复通。或以为已甚，先君曰："吾自与富贵不相习耳，非忘故人也。"

方在髫龀时，即能发明紫阳之学，偶与姑夫朱声始先生议论及之，大惊曰："不意君所见，便已到此境界，真神授也！"先君尝谓洛闽渊源，至靖难时中绝。后来月川、敬轩、康斋、敬斋诸人，颠末由蘖，仅能敷述绪论，而微言不传。白沙、阳明，乘吾道无人之时，祖大慧之余智，改头换面，阳儒阴释，以聋瞽天下之耳目，而阳明之才气尤足以钳锤驾驭。自是以后，士之卑靡者，既溺于科举词章之习，其有志于讲明此理者，伥伥焉，如瞽之无相，总不能脱离姚江之圈襀。若罗整庵之《困知记》，陈清澜之《学蔀通辨》，盖尝极力攻其瑕颣，而所见犹粗。至后此讲学诸儒，未尝不号宗朱，及论至精微所在，则犹然金溪黑腰子也，然则此学何由而明哉！先君于佛、老家言，无不穿穴，诸儒学录悉所穷究，若仓、扁之于疾，洞见其肺腑受病所在，故能力斥其非，诐淫邪遁之辞，披抉呈露，莫得而隐也。尝曰："姚江之说不息，紫阳之道不著。"至人以攻王目之则不受，曰："吾尊朱则有之，攻王则未也。凡天下辨理道，阐绝学，而有一不合于朱子者，则不惜辞而辟之耳，盖不独一王学也，王其尤著者尔。"或曰："先生痛抹阳明太过，得无为矫枉救弊之言耶？"先君曰："不然。生平于此事不能含糊者，只有'是非'二字。阳明以洪水猛兽比朱子，而以孟子自居。孟子是则杨、墨非，此无可中立者也。若谓阳明此言亦是矫枉救弊，则孟子云云，无非矫救，将杨、墨、告子，皆得并辔于圣贤之路矣。且论道理，必须直穷到底，不容包罗和会。一着含糊，即是自见不的，无所用争，亦无所用调停也。即从阳明家言，渠亦直捷痛快，直指朱子为杨、墨，未尝少假含糊也。然则不极论是非之归，而务以浑融存两是，不特非孔孟、程朱家法，即阳明而在，亦以为失其接机杷柄矣。"又尝叹曰："道之不明也久矣！今欲使斯道复明，舍目前几个识字秀才，无可与言者；而舍四子书之外，亦无可讲之学。"故晚年点勘八股，文字精详，反复穷极根柢，每发前人之所未及，乐不为疲也。有疑时文恐不足以讲学者，先君曰："事理无大小，文义无精粗，莫不有圣人之道焉。但能笃信深思，不失圣人本领，即择之狂夫，察之迩言，皆能有得，况圣贤经义乎？其病在幼时入塾，即为村师所误，授以鄙悖之讲章，以为章句、传注之说不过如此；导以猥陋之时文，则以为发挥理解与文字法度之妙不过如此。凡所为先儒之精义与古人之实学，概未有知，其自视章句、传注文字之道，原无意味也。"已而闻外间有所谓讲学者，其说颇与向所闻者不类，大旨多追寻向上，直指本心，恍疑此为圣学之真传，而向所闻者果支离胶固而无用，则尽弃其学而学焉。一入其中，益厌薄章句、传注文字不足为，而别求新得之解。自正、嘉以来，讲学诸公皆不免此。故从来俗学与异学，无不恶章句、传注文字者，而村师与讲学先生，其不能精通经义亦一也。乃反谓经义必不可以讲学，岂不悖哉？自先君之说出，天下之士始而怪，中而疑，终乃大信。今者鹿洞之遗书同南阳之评本，无不家庋户肄；后生末学，皆知是非邪正，如冰炭之不可同器，骎骎然阴翳消而日月悬也，世皆以归先君闲辟之功焉。又见从来讲学者，每以声利相招集，意甚疾之。以为学者当先从出处去就、辞受交接处，画定界限，札定脚根，而后讲致知、主敬工夫，方足破良知之黠术，穷陆派之狐禅。盖自宋以后，春秋变例，先儒不曾讲究到此，别须严辨，方可下手入德耳。平生不为小廉曲谨，而于非义所在，一介不苟也。尝曰："吾辈今日虽倒沟壑，然有数种食决不可就也。矫节高名，而苟且凡百，目前纷纷名辈，或未能免此矣。然饿死事小，当无忘此志耳。"自弃诸生后，或提囊行药，以自隐晦，且以效古人自食其力之义，而远近复争求之。乃叹曰："岂可令人更识韩伯休耶？"于是虽亲故皆谢不往矣。每云："吾性畏贵人，对宦仆如伍伯也，捧大字书帖如牌檄也，登朱门则惴惴焉，大庭福堂也。"抱病村居，四方交游，羔雁造门者，皆支扉拒之。官于浙者，皆以不得识先君为憾。虽以势强逼之，不可得而屈辱也。盖先君严苦之节，出于至诚，而守之既久，天下亦知其素所树立，故每能伸其志。世之不快于先君者，或能造作流言以相疑谤，至于立身持己，皭然不滓，则固不得而訾议之也。尝游金陵，遇施愚山先生于广座。愚山论学，先君不数语中其隐痛，愚山不觉泫澜失声，坐客皆惊，迁延避去。于禾遇当湖陆稼书先生，语移日，甚契。稼书商及出处，先君曰："一命之士，苟存心于爱物，于人必有所济，君得毋误疑是言欤？"及先君卒，稼书在灵寿，为文致吊，犹不忘斯语焉。龙山查汉园，少负骏才，好良知纵横之学，解后先君，相与辨论，往复甚苦。至夜分忽蹶而起，曰："不闻君言，几误此一生矣，愿为弟子。"即舍弃场屋，过南阳村，逾月而后归。人问何如？曰："殆非复人间世耳！"新安施虹玉，与其乡人笃守考亭之学，樸被过访，告以纲目、凡例未发之蕴，叹为闻所不闻。平居讲习，未尝标立宗旨，曰："吾儒之学，正当从其支流脉络，辨别精微，方见道理精切处耳。一立宗旨，即是颠顶鹘突，且无论其所标立者云何，已失时中变动之义矣。惟异端之学，有纲提诀授，吾儒无是也。"故凡与学者言，皆随事指点，各就其识力功候之所至，或诱而进之，或折而夺之，煅炼人材之法，非可执泥。至于本领归宿所在，则又未尝不同也。诲人不倦，每讲论常至丙夜。然辞旨明快，听者忘疲。尤喜辨难，反复竭其两端。学者与先君游，经义治事，随其浅深，无不各有所得。负笈担簦，不远千里。退陬荒裔之士，或有设位遥拜名弟子者。天下方翕然以为有所依归，而中道捐弃，宜乎闻讣之日，世之学者无不震悼，以为斯道之不幸也。呜呼，痛哉！

　　先君颀身岳立，音如洪钟，风采峻厉，遇事盘错，疑难迎刃立解，精神过人。高旦中先生常曰："晚村百冗猬毛，八面受敌，则神愈闲，气愈摄，精采愈焕发，殆神勇耶！"丁酉倡社邑中，数郡毕至，敦盘裙屐，谦乐纷沓，先君指挥部署之，终会不失一匕箸，人服其综理之密；他人或分任什一，率不能办也。二伯父驭下素严，猝有家奴之变，奴辈百余人，劫盟寝室，二伯父且受制，计无所出，先君为密画擒治之，皆伏法。从兄某，为奴所诬累，事涉钱课考覆，邑令强欲坐之，先君执不可得，虽以是忤邑令意，失好友欢，不顾也。凡亲戚有急呼将伯者，皆以身当之，弗避祸患。其居乡也，岁饥则议赈；疾疠作，散药裹，所活常数千人。萑苻充斥，则讲保甲法，其措置方略，皆有至理，非人所能及。有妖僧将构"小九华"于邑之北门，煽惑愚俗，富室输金钱，豪猾恣渔猎，以福田形势为辞。既营建矣，先君适自金陵归，见之大诧，乃贻书知交，责以卫道辟邪，且令门人董杲为邑令言，指陈利害，数有不可者七，卒毁去之。先君虽息影深乡，而谠言清议，人犹有所畏忌，惟恐其闻知。其居家也，闺门之内，肃肃雍雍；教子弟，有家法；御臧获辈，皆严而有恩。平生不事生产封殖，而以勤俭自励，夙兴夜寐，终日乾乾。木屑竹头，处之各当，靡不经心。常指示不孝辈，曰："即此便是学，汝等勿看作两概也。"其冠昏祭祀，皆痛除俗礼之非，自定仪节。丧事不用浮屠，邑中士大夫家多有效之者。尝读浦江郑氏《规范》，慨然叹曰："吾生不得与三代，此事犹堪式万方。汝等其勉为之，以成吾志。"所著有诗集几卷、文集几卷、制义一卷。所评有诸先辈稿及《天盖楼偶评》若干。于医有《赵氏医贯评》，所选有《宋诗钞初集》《唐宋八家古文》。惟朱子《近思录》及《知言集》二书，未就而卒。先君博学多材，凡天文、谶纬、乐律、兵法、星卜、算术、灵兰、青乌、丹经、梵志之书，莫不洞晓。工书法，逼颜尚书、米海岳，晚更结密变化。少时能弯五石弧，射辄命中。余至握槊、投壶、弹琴、拨阮、摹印、斫研、技艺之事，皆精绝。然别有神会，人卒不见其功苦习学也。世每以此相叹羡，先君曰："此鄙事耳，君子不贵也。"常因吴自牧好弈，思谏之，遂终身不近棋局。晚年悉力屏谢，虽书字亦不为矣。生崇祯己巳正月二十一日，距卒康熙癸亥，享年五十有五。娶范氏，天启甲子举人翠华公讳金路女，与先君有偕隐志。子男七人，长公忠（今名葆中）、主忠、宝忠、诲忠、补忠、纳忠、止忠。孙男五人：懿历、懿绪、懿业、懿威、懿统，以懿绪为亮功后。即以其年十一月二十九日，葬于识村东长坂桥西，祔太仆公之穆，遵遗命也。

先君生而孤露，长而患难，壮而风尘。及其晚也，方思痈歌泉石，而悲天悯人之意，与逃名畏祸之心，两者未尝一日去于其怀。素所负志甚远大，既而生不逢时，乃一以著书立言为己任，孳孳兀兀，不自暇逸，曰："庶其假我年乎？而孰知天之复靳而不予也。"呜呼，其命也夫！至于平日动静语默，无行不与，神明状貌，非可悉传。而又尝命不孝曰："吾于人伦，往往皆值其变，汝等他日欲称吾之善而伤吾心，不可也。"乃别作《内传》，以纪隐德，不敢以示于人。兹所述者，仅其什一而已。惟世之有道君子，哀而垂览焉。男公忠谨述。

图书在版编目(CIP)数据

吕留良家训译注/(清)吕留良著;张天杰,鲁东平,王晓霞译注. —上海:上海古籍出版社,2019.10
(中华家训导读译注丛书)
ISBN 978-7-5325-9321-7

Ⅰ.①吕… Ⅱ.①吕… ②张… ③鲁… ④王… Ⅲ.①家庭道德-中国-清代 ②《吕留良家训》-译文 ③《吕留良家训》-注释 Ⅳ.①B823.1

中国版本图书馆 CIP 数据核字(2019)第 182739 号

中华家训导读译注丛书

吕留良家训译注

(清)吕留良 著

张天杰 鲁东平 王晓霞 译注

上海古籍出版社出版、发行

(上海瑞金二路 272 号 邮政编码 200020)

(1) 网址:www.guji.com.cn
(2) E-mail:guji1@guji.com.cn
(3) 易文网网址:www.ewen.co

启东市人民印刷有限公司印刷

开本 890×1240 1/32 印张 10.125 插页 6 字数 238,000

2019 年 10 月第 1 版 2019 年 10 月第 1 次印刷

印数:1—3,100

ISBN 978-7-5325-9321-7

B·1109 定价:46.00 元

如有质量问题,请与承印公司联系